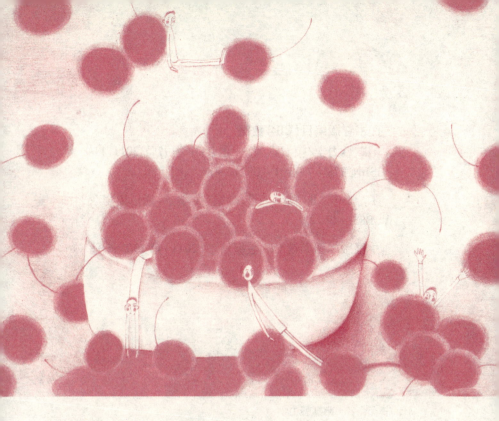

幽默魅力学

赖淑惠 著

中华书局

图书在版编目（CIP）数据

幽默魅力学/赖淑惠著. —北京:中华书局,2011.11
ISBN 978 - 7 -101 - 08212 - 8

Ⅰ.幽… Ⅱ.赖… Ⅲ.幽默(美学) - 通俗读物
Ⅳ. B83 - 49

中国版本图书馆 CIP 数据核字(2011)第 190356 号

书　　名	幽默魅力学	
著　　者	赖淑惠	
责任编辑	焦雅君　张之光	
出版发行	中华书局	
	(北京市丰台区太平桥西里 38 号　100073)	
	http://www.zhbc.com.cn	
	E - mail:zhbc@ zhbc.com.cn	
印　　刷	北京瑞古冠中印刷厂	
版　　次	2011 年 11 月北京第 1 版	
	2011 年 11 月北京第 1 次印刷	
规　　格	开本/880 × 1230 毫米　1/32	
	印张 5¾　插页 10　字数 80 千字	
印　　数	1 - 10000 册	
国际书号	ISBN 978 - 7 - 101 - 08212 - 8	
定　　价	20.00 元	

自 序

幽默致胜

　　许多学员前来学习"讲台魅力",不可讳言,讲台魅力既是最困难的,又是最简单的。因为它并非一朝一夕即可学会,然而一旦开窍抓住要领后,可以说是受用一辈子!

　　过去,在研修心灵成长课程时,我的老师说:"淑惠,你的能量足以带领课程!"

　　老师的这一席话,激发了我的潜能、提升了我的自信。自此,一站上讲台,我便仿佛与上天连线,智慧开启,用幽默的言语、饶富寓意的小故事,口开莲花,展现魅力,至今开讲两千多场。

　　"魅力"仿佛人际关系的磁铁，潜藏着深深的吸引力，探究其内在原因，在于"起承转合"的智慧，是按部就班、脚踏实地、扎实密合的，就像盖大楼一样，打地基、立桩、灌浆等，一个步骤也不能少。

　　在牙牙学语的儿童身上，"纯真"就是他们的魅力；年轻人的魅力在于青春活力；对于年长者，"稳重成熟"则是其专属的魅力。

　　一歌剧院里，女士们都穿着盛装、戴着华丽的帽子欣赏演出，但后排的观众却因视线不佳，而无法专心欣赏。

　　于是，中场时，剧院经理上台说："请各位女士将帽子摘掉，以免影响后排的观众！"

　　未料，没有任何人理会他。

　　稍后，经理又再补充："嗯……年纪大的女士可以不用脱帽……"

　　不到三秒钟，剧院里所有戴帽子的女人都摘下了帽子。

　　这则有关"沟通"的小故事，一定可以让读者们领悟，无需以严厉的言词、强硬的语气，只消用幽默智慧的语言，足以让大事化小、小事化无，解决不必要的纷争。

　　每个人都是上天最完美的杰作。看看别人，想想自己。看扬名威尼斯影展的导演李安，以他严谨、考究的编导功力，拍摄出乱世中的情爱纠葛，让人赞赏；看超级马拉松运动员林义杰，徒步横越撒哈拉沙漠的壮举，因毅力与坚持而绽放出的魅力花朵，不得不令人喝彩！

　　在此鼓励大家，学习以"智慧"与"自信"来涵养魅力，必能在人生舞台上，绽放个人的风采！

赖淑惠

目
次

目 次

魅力条件一 沟通

大家都努力寻寻觅觅，找不到满意，
觉得冷冷清清演不下去，
心中浮现凄凄惨惨没有力气，
喝下魅力四神汤，将身心安顿，人生才有头绪，
就不会不知何去何从。

语言是最危险的武器；刀剑刺的伤口比语言刺的伤口容
易治愈。

——卡德龙

魅力排行榜

人生只有一趟，主角就是你！

　　魅力因子，潜藏在每个人的身体中，很多人误以为自己缺乏魅力，其实只是不知如何展现罢了。

　　"魅力"家庭集合起来，洋洋洒洒一箩筐，有自信魅力、个性魅力、态度魅力、肢体魅力、语言魅力、幽默魅力、工作魅力、群众魅力、特质魅力等。只要抓住其中最贴近自己的一两个窍门，好好发挥，就能放送出无限的个人风采来。

　　自信是一切魅力之母，一切的魅力都由它而生。自信要从懂得"欣赏自己"培养起。每个人都是世上独一无二的存在，从这个角度来切入，虽然自己不是长得很漂亮，但至少长得很自然；虽然头脑不是绝顶聪明，但是有一手好技艺。天生我才必有用，这就是你的特别之处，就从这个地方开始发挥特长，有了"自信"做基础，"魅力屋"就会愈盖愈美丽呢！

个性魅力，是个人从众人中"脱颖而出"的特色，我们可以从个人的穿着品味、言语举止、顾盼神韵中读出独具的个性。现代年轻的追星族，非常喜欢追逐心中偶像的造型、时装、口语、动作，这代表个性魅力非常容易掳获人心，我们要擅于发挥。

态度魅力，是一种应对、交际的独特吸引力。当我们有事请教别人，若对方耐心地、巨细靡遗地教导时，我们肯定会感觉到心中有一股暖流汩汩流过，那就是一种诚恳与关怀的滋润，涵泳在这种氛围下，心情一定格外地舒坦。所以，如果我们待人处事能够经常抱持这种优雅、体贴、付出的态度，魅力自然油然而生。

有人一举手、一投足都会牵动全身的魅力细胞，让人倾迷，这就是肢体魅力。我们常说"肢体语言"，可见"肢体"是会说话的，至于要如何"说话"才会动人，就要配合个人的肢体专长来发挥了。有的人脸部有丰富的表情，有的人手势独具变化，有的人肢体动作搭配得非常得宜。总之，将个人最具有独特美感的身体语言发挥出来就对了。

语言魅力，要从说话的声调与内涵来加强。"一句话使人笑，一句话使人跳，一句话使人气死掉"，同样说一句话，结果是大相径庭，可见说话的艺术多么重要。说话不但要轻声、委婉地说，还要言之有物、言而有味、说话得体。通常一个具备语言魅力的人，都是说话艺术的实践者。

> 先生怒气冲冲地责骂太太，太太却笑着说："看你这么生气大声地吼，让我感到很安心，这代表你身体健康，充满活力。"

一场暴戾之气，就因为幽默的一句话，而化戾气为祥和。

幽默是非常受人欢迎的一种魅力。据调查，大多数的未婚女性朋友们，都希望将来的另一半是具有幽默细胞的人。幽默是人际之间的开心果，它可以带来欢笑，拉近彼此的距离，使生活多彩多姿。如果一个人的外貌"先天不足"，没有关系，幽默将为他的"魅力"频频加分。

领导魅力，是一种经验、学识与领导统合魅力。身为部门主管，对于如何"承上启下"，扮演好"三明治与夹心饼"的角色，这是一大考验。如果位居决策阶层，则领导魅力更是牵动整个机关、企业成败的关键。领导的魅力要以丰富的实战经验、精湛的学养、高明的统御力来开创，它攸关整个团队的士气与战斗力。

有一位主管开会时很认真地学习讲笑话，所有员工都放声大笑。开完会，新来的职员问身旁的一位同事："经理讲得并不好笑，为何你们笑得那么开心?"

他回答："如果我们不大声笑，他就会继续讲，那该怎么办?"

工作魅力，是从工作中自然流露出来的一种美感。俗话说："认真工作的人最美丽。"因为当一个人全神贯注于工作时，那种专注、认真、投入的表情，会让人油然生起敬慕之心。反之，当一个人工作敷衍塞责、草率轻忽时，则会予人无责任感、投机、轻率的负面观感。所以，最好发挥的魅力就是工作魅力了，只要我们全心投入于工作，魅力自然就洋溢其中。

群众魅力，是一种天生"领袖型"的人物所具有的魅力，这种魅力是由言语、肢体，幽默、领导等综合而成。这种人的四周永远簇拥着一大群追随的群众，他也以此为乐，群众就是他的人生舞台。像英国首相丘吉尔，就是正面的示范。

特质魅力，是一种极为特殊的人际魅力，它不是以上述特定的魅力展现方式出现的，而是一种"异乎寻常"、"风格独具"的人格特质。有一位美丽的女星，爱上一位跟她极不搭调的男士。该男士若以我们一般人的眼光来看，既不帅又不多金，年纪也不小。但是，该女星却心甘情愿地"为爱痴迷"，这就是一种特有的魅力在吸引着她，是无法放在世俗的天平上来衡量的。

　　魅力，犹如各种颜色的粉彩，人心就是画笔。只要懂得挑选最适合的绘画工具，展现自信的手，就可以在人生的画布上画出独具风格的作品，丰富、充实我们的生命。

魅力四射站

　　魅力是人际之间特殊的吸引力。每个人身上都有一片魅力沃土，就看你怎么开拓它。尽情享受生命中的每一个过程，让心灵轻松喜悦自在。

人人都有一块魅力磁铁

为人要有品德，做事要有品质，生活要有品味。

人人都有一块魅力磁铁，能深深吸引住别人，只是经常被我们自己忽略了。

很多人都有过这种经验，将一位魅力巨星的五官分开来剖析，其实样样都不算突出，但奇怪的是组合在一起后，竟变得"魅力十足"了，你知道这是什么原因吗？

如果针对全台湾的女性朋友们做问卷调查，题目是："你认为自己长得够不够美？"相信九成以上的女性都会对自己"没信心"，忍不住吹毛求疵地挑剔自己。其实自认为长得丑、没有吸引力的女性朋友们，只要懂得善用自己的"魅力磁铁"，每个人都能成为"魅力十足"的巨星。

日本一位知名的心理学者说："女人，漂亮仅是一时，魅力却是一世。"因为美丽会随着女人的年华老去而凋萎，魅力却可以长长久久。这位学者提出六个塑造魅力的方法，男性朋友亦适用，分别是：

1. 脸上不要有阴暗的表情

所谓"九点十五分"和"七点二十五分"的时钟表情都属于这种表情，纵使你天生丽质，然而阴暗的表情会将你的美丽抹去大半。反之，虽然你长得"很安全"，但微笑的表情却会为你的魅力频频加分。

爱默生曾对忿忿不平的人说："你每生气一分钟，就丧失了六十秒的快乐。"

是的，唯有快乐的表情才能让人容光焕发，所以我们的脸部要经常"笑靥"当家，而不要"冷锋过境"。

2. 眼睛要熠熠生辉

俗话说："眼睛是灵魂之窗。"一个人表情要生动活泼吸引人，无疑地，眼睛扮演着至为重要的角色。李后主说："眼波才动被人猜。"又说："水是眼波横，山是眉峰聚。"都将人们水灵灵的眼睛描绘得淋漓尽致。

熠熠生辉的眼睛，让人觉得开朗、热情、自信、充满活力，一见面就产生不少好感。有人说"眼睛是人体最活跃的器官"，我们只要懂得善用这"跃动的吸引力"，必定能塑造出不凡的魅力来。

3．拥有一项比别人更为突出的技能

请在脑海中想像以下画面：一位画家专注地挥洒着笔下的山水，一位杰出的演说家妙语连珠地笑谈人生，一位音乐家静静地拉着醉人的小夜曲，一位研究者倾心地埋首做实验，一位企划者望着窗外的蓝天冥思……认真、有实力的人最美，魅力已悄悄在他们身上，披上一层迷人的风采。

如果能够拥有一项比别人更为突出的技能，那就是一颗魅力四射的磁石。

4．不要诋毁别人

西哲说："饶舌，谋杀了你一半的人生。"

古今智者不但谆谆告诫我们"不要说没有意义的话"，还要能够正向思考，时时"存好心、说好话"。好话犹如三春暖，坏话犹如二月冰，暖暖的语花必定出自智慧之口，而尖酸刻薄的话必定出自一张无遮拦的大嘴巴。

没话可说，才会尽说人坏话。相信没有人愿意如此被定位吧！一位经常口吐莲花的人，必能招来很多闻香下马的佳客。

5．早晚两次的微笑练习

笑脸迎人，就是菩萨。魅力微笑练习是人生必修的

一门人际功课。我们可以选在晨间梳洗之后、晚间休息之前，面对镜子做这项练习。

你会发现，微笑的脸，能让我们青春常驻；紧绷的脸，只会让脸上老态横生。微笑的脸，能让人际关系如沐春风；紧绷的脸，只会让人际关系冷若寒霜。微笑的脸，能让个人魅力扶摇直上；紧绷的脸，只会让个人魅力加速枯竭。早晚两次的微笑练习，千万不要忘记了。

6. 经常做"想像练习"

"想像练习"就是"在脑海中不断地想像受别人欢迎的情形"，这一招非常管用，与佛法所说"一切法从心生"的观念相符合。西哲不是说"你想成为什么，你便是什么"吗？

魅力的基础来自于自信，有自信的人能够放下负面情绪，一切朝正向思考，举手投足、一颦一笑，就会自自然然地散发出迷人的魅力来。

想像的练习要经常做，它就像在我们的自信城堡中加砖累石，能够让我们的信心更加坚固，也让别人感受到魅力弥漫的氛围。正面的思维与想像，终会让我们美梦成真！

人人都有一块魅力磁铁，就看你能否善加运用了。

魅力养乐多

　　王先生走进宠物店要买一只鹦鹉，老板指着三只鸟笼中的鹦鹉说："左边那只一千元。"

　　王先生问："为什么这只鹦鹉值这么多钱？"

　　老板说："因为它会打电话。"

　　接着，王先生问第二只值多少，答案是二千元，因为这只鹦鹉除了拥有第一只所有的本事以外，它还懂得如何操作电脑。王先生接着问第三只的价钱，答案是三千元。

　　王先生再问："它会什么？"

　　老板回答："老实说，我从没见它做过什么事，但其它两只都叫它老板。"

"十点十分"的人生

一笑解千愁，再笑除百忧，三笑长命百岁乐悠悠！

人的脸部有三种不同的时钟表情：

"九点十五分"是冷漠的扑克脸，"七点二十五分"是嘴角下弯的臭脸，"十点十分"是嘴角上弯的满面春风脸。

中国古诗里，旧时代的妇女们认命地说："波澜誓不起，妾心古井水。"这些妇女在封建时代是一个楷模，但以现代女性追求人性自主、尊严与喜悦的眼光来看，就有点悲哀了。一个人到了"身如槁木、心若死灰"的境地，早已失去了生而为人的喜悦。

许多人都曾有打"水漂儿"的经验吧！原本平静的潭水，在比赛打水漂儿时激起了水花阵阵，也带来了笑声连连。这说明不仅平静的潭水需要变化一下，一成不变的人生也需要High一下，才能带来欢欣与鼓舞。如果，每天带着"九点十五分"冷漠的表情凄楚落寞地度过，这一生恐怕也会像"扑克牌"一样无趣。

而"七点二十五分"下弯嘴角的表情，更是让满脸的皱纹倾巢而出，老态尽现。罩在脸上的一层寒霜，不但阻碍了人与人之间的沟通与互动，也关闭了内心的喜悦之门，可以说是带领我们"向下沉沦"的地心引力。

人的嘴角也需要"向上提升"的力量，而不是"向下沉沦"的地心引力。

林肯曾说："人，四十岁以后要为自己的脸孔负责。"如果已届不惑之年，请揽镜自照一下，看看自己是否满意现在的脸孔？如果是，相信你的嘴角一定是属于"向上提升型"的，因为笑口常开，所以格外容光焕发。如果不满意，那绝对是属于"向下沉沦型"的，因为常铁青着脸，所以身未老形先衰。

"十点十分"才是最佳的人生表情。专家说："笑是最佳的脸部运动。"微笑能让我们青春永驻。一个经常面露笑脸的人，不但使自己时时开朗，同时也愉悦了别人，温暖了每一个人的心田。

如果你觉得自己个性拘谨严肃，没有什么幽默细胞的话，倒是有一个速成办法，就是多多接触笑话，它可是"十点十分"的最佳催化剂呢！

"你的身体很虚弱、贫血，又有骨质疏松症，我建议你要多吃铁和钙……"医生说。

年逾八十的老太婆一听，连忙摇头："医生啊！有没有别的方法呢？我牙齿都快掉光了，太硬的东西我咬不动啊……"

"悲观的人，乐中寻苦；乐观的人，苦中作乐。"一个悲观的人经常杞人忧天，所以他的表情若不是"九点十五分"，就是"七点二十五分"，因此他的人生是愁苦黯淡的人生。而一个乐观的人因为懂得转苦为乐，因而他的人生绝对是快乐喜悦的人生。

嘴角牵动着人生，"十点十分"是我们理想的生活表情，是最佳的身心化妆品，也是人生成功的基石。

魅力四射站

你的笑容是友谊的开始和延续，我的笑容是爱与关怀的传达……生命是因为有笑声而值得留恋。

魅力四神汤

百善以"孝"、"笑"为先。
懂得"报恩"就是成功,有了"笑声"就是快乐。

魅力四神汤是:精神、眼神、笑神、感动神。

人人都知道身体虚弱了需要滋补,但鲜有人知道魅力衰竭了更需要滋补。一个没有魅力的人,就像失去水分的枯枝般,再也见不到青绿的生机。

"这个人很有精神!"代表此人身心振奋、干劲十足,给人眼前为之一亮的感觉。通常,信心满满的人,做起事来明快无比,绝不拖泥带水,浑身上下散发一股积极的魅力。不像颓废懒散的人,慢吞吞、被动消极,精神好像向他告了长假一般。

我们要时时补充精神汤头,唯有积极快乐,才能激发生命的魅力,让身心一起快乐飞扬。

"眼睛是灵魂之窗",炯炯有神的目光,给人一种灵活、自信的形象。判别一个人的邪正懦勇,可以从眼神来观察。大凡眼神闪烁、飘忽不定的人，都隐藏着一颗邪逸的心；而眼神不敢正视、低眉闪躲的人，则隐藏着一颗自卑怯懦的心；唯有双眼专注、顾盼有神的人，灵魂之窗才明可鉴人，如水的双眸，为魅力添加了不少分数。

眼波是会放电的，看对眼的男女彼此会"来电"，"电"就是极强、极富魅力的眼波。我们需要时时揽镜自照一下，看看自己的眼睛到底还剩下几分的光采、多少的电波。

我们的"灵魂之窗"不但要具有正确观照的能力，还要亮丽、柔和、光鲜，才能无限传输个人的魅力。

台语形容一个人笑容可掬，会说"这个人很有笑神"。笑是人际关系中不可或缺的润滑剂，"一笑解千愁，再笑除百忧，三笑长命百岁乐悠悠"。人与人之间为什么关系会紧绷？因为"微笑"早已从我们嘴角偷偷溜走多时了。我们的嘴角被"九点十五分"及"七点二十五分"这双霸天给鹊巢鸠占了，难怪个个冷眼睨人，人跟人之间哪会有好的互动？

要有好的人际关系，非得把出走的笑神迎接回来不可。所以，请记得在平日多准备一些"笑料"，这是迎接"笑神"的最佳供品。笑话不但愉悦了自己的灵魂，也愉悦了别人的苦闷，"笑话外交"往往会有出其不意的人际效果,让你备受欢迎呢!

于此,来点"笑话外交"吧!

　　"诚实的孩子,往往会得到别人的原谅和喜爱……"老师正在课堂上教导一群小学生们有关"诚实"的课题。她问:"好了,现在有谁能告诉老师,刚才那个故事里,华盛顿砍倒了樱桃树之后,他的父亲为什么没有处罚他呢?"

　　小歪举手回答:"因为那时候,华盛顿手里还拿着斧头……"

一个深具魅力的人,除了精神、眼神和笑神之外,还必须有一颗感动的心。当一个人麻木不仁、不知感动为何物时,生命之泉早已枯竭了。感动是一种灵魂深处的悸动,它代表着生之纯真、生之喜悦。一个具有感动细胞的人,一定会为魅力加分。

你曾因路旁绽放的野花而感动吗?曾因亲情、友情的触动而感动吗?曾因慈悲心的油然生起而感动吗?如果你已经很久没有尝到"感动"的滋味为何,那代表你可能已经逐渐迈向"消极麻木"一族而不自知了。

身体需要"四神汤"的滋补,心灵需要"魅力四神汤"的滋补,魅力四神汤的汤头,是美好人际关系的一道滋补圣品呢!

魅力养乐多

　　中秋节到了, 林家夫妇受邀前往王家吃晚餐。

　　隔天, 林先生遇到王太太, 第一句话就是向她道谢。

　　"王太太, 谢谢你昨天的热情招待, 一个人做那么一大桌菜, 一定很忙很累, 辛苦你了。"

　　"哪里! 又不是什么好东西, 粗茶淡饭, 别客气了。"王太太不好意思地笑着。

　　"我太太也是这么说, 不过我还是要跟你说声谢谢⋯⋯"

存好心，说好话，做好事

口说好话，心想好意，身行好事。
——证严法师

美国第二十八任总统威尔逊的口头禅是："我的上司不让我这么做！"

听到的人都感到一头雾水，总统已经位居九五之尊了，还有什么顶头上司？原来威尔逊总统所谓的上司，就是他的"良心"，是他的良心不让他这么做。

威尔逊真是一位"时时存好心"的好总统。

先哲说："身者，心之器也。"我们的身体为心所主宰。有人说光速一秒钟可以走三十万公里，应是宇宙中最快的速度了，但是我们的"念波"更快速，只要"起心动念"，就可以立刻到达。就因为人的心念像脱缰的野马般东奔西窜，并指使我们的身体为它效力卖命，所以，如果不能"时时存好心"，后果实在不堪设想。

我们的心原本就该在平日勤加摄养，这样起心动

爱默生曾对忿忿不平的人说：「你每生气一分钟，就丧失了六十秒的快乐。」唯有快乐的表情才能让人容光焕发，所以我们的脸部要经常「笑靥」当家，而不要「冷锋过境」。

魅力的基础来自于自信，有自信的人能够放下负面情绪，一切朝正向思考，举手投足、一颦一笑，就会自自然然地散发出迷人的魅力来。

念才不会偏离正道。如果平日不知养心，临事难免冲动妄为，心反而成为我们人生道上的"罪恶渊薮"了。

存好心就是具有一颗爱心、宽恕心、慈悲心。当我们心存善念时，所看到的一切人、事、物也都格外美好，但当我们心存恶念时，所看到的一切就通通变样了。其实，环境并没有改变，是我们的心在改变。

　　"真不敢相信，我竟然娶了你！"

　　这句话，在男人一生中起码要说两次：一次是在新婚之夜兴奋地说，一次是在三十年后后悔地说。

一句话使人笑，一句话使人跳！同样一句话，前后结果却大相径庭，为什么呢？一个经常"口吐莲花"说好话的人，让人如沐春风，笑声连连；而一个经常"口吐铁钉"伤人的人，让人如坐针毡，气得跳脚。这门"说话的艺术"学分，能不好好地修吗？

一件好事，如果能再加上好话的包装，将益发显得价值不菲。甚至原本负面的事情，如果能用好话婉转地说出，也能得到意想不到的效果。

曾国藩带兵征讨太平天国，出师不利，屡尝败绩，他在回报朝廷的奏折中写道："臣屡战屡败……"幕僚建议改为"屡败屡战"。皇帝见了奏章后不但没怪罪他，反而对他的斗志勤勉有加呢!

在说话的艺术中,还有所谓"先褒后贬法"以及"先贬后褒法",运用得当,都能收到不错的效果。

职场中,当下属战战兢兢地拟好企划案呈报上来,身为主管者,最忌讳看不顺眼就喝斥、摔公文,那就像一把刺入心窝的利刃。如果主管换个说法:"企划案我仔细看过了,谢谢你们这么投入,其中有些不错的见解可以参考(先褒)。但是关于……是不是应该多强调一些,这是全案的关键所在(后贬)……就麻烦你们多费心了!"以这样的方式要求部属们再脑力激荡一番,是不是比损人、骂人更能达到预期的效果?

清朝的幽默大师纪晓岚先生向富豪的母亲祝寿,他在贺词中写道:"这个老婆不是人",举座哗然;他笑笑地接着写:"恰似南海观世音",举座莞尔。他又写道:"生了儿子去做贼",举座又哗然;接着他笑笑地写道:"偷得蟠桃献娘亲",众人齐声喝采叫好!这是"先贬后褒法",运用得当,笑果连连。

总之,千会错、万会错,说好话总不会错,你认为呢?

妈妈看到小明在哭,问小明:"你为什么哭?"

小明:"因为爸爸钉到了自己。"

妈妈:"小明好乖,爸爸没关系的。"

小明:"我就是笑,才被爸爸打的。"

当我们懂得在日常生活中多存好心、多说好话,不也同时做了好事吗?其实,存好心、说好话、做好事是"一而三、三而一"的事,三者密不可分,我们心能存好念,口自然能说好话,身自然能行好事。

做好事也是需要智慧的,有的人一心想做好事,结果却适得其反,这种"帮倒忙"的事,大家一定屡见不鲜吧!

譬如,有人清晨到公园运动,见公园里有一些流浪狗,就用塑胶袋装了一些剩菜来喂它们,却忘了处理善后,让原本美丽的公园变得脏乱不堪,而且流浪狗愈聚愈多,环境、安全都成了大问题。行善如果没有智慧,那只是"滥慈悲"而已,不能算真正地做好事。

存好心、说好话、做好事,都需要一颗智慧的心来观照。

魅力养乐多

陈先生最近养了一条狗，取名"好运"，希望能为自己带来好运，但运气却一直没有好转。仔细一问，才知道原来他每天离家上班时，都会对小狗说："再见啦! 好运。"

做个倾听的高手

听人说话，以同理心真诚地接受。

人们常说"说话"是一门高深的艺术，其实，"倾听"也是一门独特的艺术。倾听为什么也算是艺术呢？

有一位记者与国内某集团的总裁共进晚餐，会后总裁对这位记者留下了非常好的印象。有人好奇地私下追问这位记者，到底说了哪些得体的话。这位记者摊摊双手笑着说："哪有！我全场只是努力聆听、适时点头而已。"这说明了"倾听"有时候比"说话"更为得体、有用，不是吗？

应用心理学上有所谓的"四A法则"，可以说是创造圆满人际关系的四把金钥匙。"四A法则"运用在日常生活里无往不利，这四A分别是：

ACCEPT（接受）：我们在与人交谈、互动时，要多倾听，千万不要打断别人的话。只知滔滔不绝地表达自己

聆听的艺术

同理心

接纳心

最高　真诚心　境界

高估

负面　　　　　　　　　　正面

躁心　　　　　　　　　　专注

不专心　　　　　　　　　回应

应付　　　　　　　　　　引导

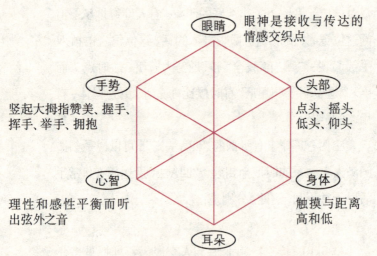

眼睛　眼神是接收与传达的
　　　情感交织点

手势
竖起大拇指赞美、握手、
挥手、举手、拥抱

头部
点头、摇头
低头、仰头

心智
理性和感性平衡而听
出弦外之音

身体
触摸与距离
高和低

耳朵
听觉可将声音传达全身神经细胞
1.喜悦　2.生气　3.感动

主观的看法，不知聆听别人客观陈述的人，是非常让人反感的。

　　倾听是一种学习，我们可以从聆听之中获得对方很多的宝贵资讯。在人际互动中，如果懂得以"接纳的心"与人交谈，当对方说话时专注地聆听，将目光集中在对方脸上，且不忘时时点头，对其谈话内容做简短的回应，并适切地提出若干问题询问交流，这种"接受对方"的应对态度，必能赢得对方的赞赏。

　　ADAPT（适应、顺应）：当对方提出意见时，不要泼他一头冷水："这个太简单了！连白痴都想得到。""不要做白日梦了！这不是你做得到的。"这些带刺的话会给对方难堪，我们应该多学习顺应的技巧，先赞美一下对方，再婉转地陈述自己的意见。譬如："你这个见解不错，但执行上可能再多考虑是否会造成一些负面的影响……"等等，如此一来，对方就比较容易接受。

　　ADMIRE（赞美）：西哲说："赞美是倾听最出色的助手。"一个倾听高手，绝对懂得在最适切的时机，向对方洒出赞美的香水，这不但会令对方沉醉无比，也会让自己沾到几滴喜悦。

　　严格来讲，东方人都比较含蓄，都不懂得勇于赞美。诸如："你的专业能力实在令我非常佩服"、"你今天穿的衣服棒极了"、"我从你这里学到不少东西"等等赞美的话，都能让听到的人心花朵朵开。

有的人可能会说："我不知道该如何赞美才得体。"

这就要靠平常的观察力了，每个人或多或少都具备一些专长，我们在平日就要记住周遭每一个人的优点，并在适切的时机由衷地表达出我们的赞美来。赞美，是拉近彼此的距离、赢得对方好感的"人际灵芝"。

APPRECIATE（感谢）：可不要小看"感谢"这两个字的魔力，当别人认真地跟我们道谢时，就代表他对我们付出的肯定。感谢是人际关系的润滑剂，胜过千言万语。"感谢你教我这么多！""真感谢你对我的付出，我永铭肺腑！"不管大事小事，反正多说感谢是不会吃亏的。

一位心理学家说过："一个人如果一天能说五十次以上的谢谢，一定会有很好的人际关系。"不是吗？就这么简单的两个字，只要能真诚地说出来，说的人喜欢，听的人更高兴，懂得经常运用这简短感谢词的人，一生之中必能结交到很多的好朋友。

"四A法则"是所有倾听高手必备的人际润滑剂。好的人际关系不在多话，言语不是问题，只要懂得聆听的艺术，多接受、多顺应、多赞美、多感谢，就能成为广受欢迎的人。一点点花蜜，比满丛的绿叶更吸引翩翩的彩蝶。

魅力养乐多

张先生买了一只九官鸟，想不到第二天就死了。

邻居好奇地问："你们家的九官鸟是怎么死的？"

张先生说："它是和我太太比赛说话，力竭而死的。"

请求与拒绝的艺术

请求要恭敬,拒绝要优雅。

请求与拒绝,是"生活大学"里经常碰到的困难习题。

请求的人不想被人拒绝,被请求的人则思考如何拒绝别人,立场迥异,同样费心,是人际学科中一门高深的课程。

有一位超级推销员迭创销售佳绩,人们问他到底有何能耐?他腼腆地说:"实在没什么啦!是我的汗腺帮了我。"

原来这位仁兄天生汗腺发达,每当他滔滔不绝地为客户解说产品时,总是不停以手帕擦拭额头、掌心沁出的汗水,这种肢体语言,反倒给客户一种"积极、热忱"的感觉,因此不少客户都是在"感动"之余买下该产品的,真可谓"因祸得福"。一般而言,热忱都能为请求的成功打下基石,至少它建立了"好感"的第一步。

俗话说："有事求人三分矮。"除了上述的"热忱感"之外，"礼貌"在请求人时也占了非常重要的地位，这包括了：诚恳的鞠躬、轻柔的声调、正视的眼神、真挚的表情……总之，请求者要表现出非常柔软的身段与一颗恳挚的心，让对方觉得如果拒绝你会良心不安——这是高段的艺术。还有切记绝不能让对方有"被强迫"的感觉，以免引起对方的反弹，因为气氛弄僵后将难以有转圜的余地。

专家说："人的眼睛所接收到的讯息，占整体印象的百分之五十五；耳朵所接收到的讯息，占整体印象的百分之三十八。"如果要予人美好的印象，就要在视觉及听觉上下工夫，换句话说，仪态举止要让人看得顺眼、产生好感，腔调、话语内容要让人听来悦耳、产生信赖。这样，请求就成功了一半。

中国人可以说是最不懂得"拒绝"的民族，有时为了顾全彼此的面子，讲起话来模棱两可、暧昧不明、拐弯抹角，有时还让人丈二金刚摸不着头绪。不像西方人直来直往，Say no时既坦率又自然。

人际专家教导我们："拒绝，态度要明确，方式要婉转。"千万不要因为一次拒绝，就从此失去这个朋友。

当别人有事相求时，很可能把全部的希望都寄托在我们身上，我们一定要仔细聆听，千万不能在对方话都还没讲完就严词拒绝，这仿佛是刺入人家心脏的一把利刃，是非常残忍的。

拒绝，除了要明确、婉转之外，还要懂得在其中设立一个"缓冲地带"，如此才不会让对方承受不了"遭拒的失望"。譬如，下班后同事邀你去打保龄球，你不要说："不行，我哪有这个闲工夫！"最好加入如下的缓冲语："真是谢谢你的邀请，不过碰巧今天我与他人有约，如果是明天就可以，实在非常抱歉！"缓冲，可以纾解人与人之间不必要的紧绷关系。

沉默也是拒绝的高招。人际关系专家表示："沉默比饶舌更加令人束手无策。"沉默实在具有不可思议的力量，它会令对手感到高深莫测。专家告诉我们，你可以在下列时机掣出这把"尚方宝剑"：

1. 想制造无言的压力时；
2. 情势对自己不利时；
3. 希望对方能够让步时；
4. 双方情绪高亢时。

然而必须注意的是，非到紧要关头，这把利剑不要轻易出鞘，以免被人误解你是个"没有声音的人"。

在某次竞选中，林肯的政敌蓄意贬损他，说刚认识林肯时，他不过开了家杂货店，卖些威士忌、雪茄，并且挖苦林肯是个"很勤快的酒保"。

然而林肯的回应是："各位，这位先生说的都是事实。的确，我卖过蜡烛、雪茄，有时也卖威士忌。不过我记得，当时这位先生是我的好主顾之一。今天我早已离开吧台，但他仍像以往一样，紧紧地守在吧台边。"

魅力四射站

求不得是苦，求得却不满足；
请求、拒绝学问大，
拒人千里要合理，
口气婉转又客气，
保证不会伤和气。

大话小说，重话轻说，狠话柔说

静心调和好说话音质、音量、音速、音调、就是和谐的
沟通。

刚退伍的大牛到某家食品公司应征工作。

"请您相信，我大牛是绝对有能力的，您给我工
作，我闭着眼睛都能胜任愉快，请放心。"

爱吹嘘的大牛，大言不惭地自夸着。

应试的主管皱了皱眉："你回去吧！我怎么放心把
这工作交给你呢？我要招聘的是大门守卫呐！"

"好说大话"是人类的不良习性。非幽默式的好说
大话，往往给人一种膨胀、不实的印象。心理学上认
为，好说大话、过度膨胀自我的人，往往就是极度没有
自信的人，就像河豚不时将身躯鼓得圆圆的，藉以欺吓
敌人一样。

智者教导我们，"大话"要懂得"小说"，一个懂得

"大话小说"的人才是真正有实力、有自信的人。当我们具有百斤的实力时，我们只谦虚地挑起八十斤，其余二十斤留给自己无限的自在与余裕，别人并不会因为我们的谦卑而看轻我们，我们也不会因为谦卑而委屈了自己。成熟饱满的稻穗，哪一株不是弯着腰、低着头？唯有懂得谦卑自处，才能成就人生更大的不凡与伟大。

大话要懂得小说，重话则要懂得轻说。每个人一定都有过被责备的时候，当我们做错事被责罚时，心里委实不好受，这时候，如果对方反而以充满善意的语调，轻声细语地纠正我们，效果反而比严词厉色来得有效。

宽恕可以关闭地狱门，原谅可以打开天堂路，宽恕与原谅永远是点亮晦暗人生的火种，重责则宛若让人坠入痛苦深渊的推手。轻声细语的环境，永远是最佳的人际共鸣箱。

五岁的小明，整天缠着开个人工作室的妈妈，东一句"妈妈"、西一句"妈妈"，像橡皮糖似的，让妈妈无法专心工作。妈妈最后火大了，大声喝斥道："你一天到晚只会叫妈妈，难道除了妈妈，你不会叫点别的吗？"小明终于噤若寒蝉。

过了许久，妈妈忽然听到小明的低泣声，她不忍地回头问道："小明，怎么了？"

小明一面抽泣一面啜嚅地问道："'苏……苏太太'，我可以去尿尿吗？"

能够将重重的话轻轻地说出，是一种修养，也是一种慈悲。

相信每个人都有过极度愤怒、青筋暴露、撂下狠话的经验，但效果如何？往往只是将事情弄得益发难以收拾而已。

最近一对夫妻吵架，丈夫撂下狠话要离婚，太太气得切腹自杀，刀口深入腹部十几公分，危在旦夕。还有一位父亲，怒气冲冲地对成绩不佳的儿子骂道："你去死好了！"想不到钻牛角尖的儿子，竟然深夜跑到顶楼上吊自杀……一时的狠话，却造成无可弥补的遗憾，话之出口，能不谨慎吗？

有智慧的人，懂得将狠话"柔说"，因为他们深知唯有柔方能克刚。

舌头，是极其柔软的器官，牙齿则坚硬无比，但如果请每位老人家张开嘴巴检视检视，舌头莫不完好如初，牙齿则动摇衰败久矣！这也证明了"柔弱胜刚强"的不变哲理，我们千万不能忽略了"柔"的不可思议力量。

说话也是如此，狠话或能收效于一时，但柔语才能赢得永久的掌声。圣人为什么教我们待人处事要懂得"温柔敦厚"？因为"柔"才是人际舞台上的最佳身段，懂得柔性说话，人生的戏码才能更加感动与出色。

魅力养乐多

　　老王在餐厅坐了很久，看到别桌客人吃得津津有味，只有他仍无侍者来招待。他忍不住起身问老板："对不起，请问……我是否坐到观众席了？"

魅力条件二　爱与分享

"爱"是自我肯定，享受生命的丰富；
"被爱"是一种接受与欣赏；
"分享爱"则是全然的付出与关怀。
唯有懂得分享爱，才能获得加倍的幸福。

此生最美妙的报偿是，凡真心尝试助人者，没有不帮
到自己的。

——爱默生

培养好奇心

懂得追根究底的人，生命中会屡见高潮。

好奇心是创造的原动力。

一般人看到苹果从树上掉下来，只不过想到"瓜熟蒂落"而已，牛顿却因为好奇心的驱使，逆向思考"苹果为何不掉到天上而掉到地下"，使得他发现了地心引力。

我们心中如果常存好奇心，就会拥有一股丰沛的生命劲道。好奇心就像冲开锅盖的蒸气一般，带领我们的人生向上飞扬。

一般人为什么喜欢观赏魔术表演，就因为它变幻莫测，令人匪夷所思，它能激起我们"窥知真相"的好奇本能。可见好奇之心人皆有之，只是有的人不求甚解，有的人则会追根究底：不求甚解的人，一生平平凡凡；懂得追根究底的人，生命中屡见高潮。

如果人人都能培养一颗好奇的心，求新求变，社会的脉动就会愈来愈积极,人生也会愈来愈丰富。

　　所以,我们如果想让生命多彩多姿,就要让这一颗心动起来。"驿动的心"才会带来人生的喜悦与鼓舞,"停滞的心"则像一潭死水,激不起美丽的涟漪。好奇心是启动动感人生的开关。

　　　大发明家爱迪生小学成绩很差,经常是最后一名。但他很好奇,有时常人认为理所当然的事情,爱迪生也会不断追问:"为什么?"

　　某次上课,老师解说母鸡孵小鸡的过程,好奇的爱迪生回到家中也学习母鸡孵起了鸡蛋。

　　虽然无法试验成功,但爱迪生源源不绝的好奇心,却是往后诸多伟大发明的原动力。

　　好奇心也是喜悦的原动力。每天带着好奇心来探索这美丽的世界,你的生活将会不断出现惊喜。

　　一个生命颓废的人,纵使美丽的彩虹出现在眼前他也熟视无睹,因为他的内心已然枯槁,无法欣赏自我,更别说是身外之物了。相对的,一个对生命积极用功的人,突然出现的一道彩虹会让他喜悦之情High到最高点,他会高兴地数着彩虹是不是真的有七种颜色,总有说不完的好奇,总有问不完的狐疑。这种人对人生充满无限的兴奋与期待，生之喜悦总是堆在他们脸上，洋溢出无限的光彩。

在都市丛林中讨生活的忙者与盲者，请问你们已经多久没有"生命的悸动"了？你的人生憧憬是否已然油尽灯枯？你的好奇心是否已被庞大的生活压力彻底消磁了？

好奇心激发积极的行为去探索、冒险，创造生命的奇迹，是生命的原动力。人生的筵席绝对不能让这位嘉宾缺席。

因为，少了好奇心，彩色的人生很快就会褪化成黑白的。

魅力四射站

许多伟大的发明都是源于对好奇心的探索，古今中外有很多这样的例子：富兰克林发现电的存在，爱迪生发明电灯，莱特兄弟发明了飞机。

做事要认真，做人要纯真

让内心单纯的终极目标，就是要掌握生命中每一刻的过程，快快乐乐过生活。

蚂蚁为了储存冬粮，负荷着十倍体重的东西整日忙进忙出，它们是勤奋的小英雄。

英国有一种水尖鼠，一生活跃而短暂。每天必须付出相对二十倍以上的努力才能够生存，它们非常认真地活在当下。

……

某民间单位一处郊外训练所的整面大墙，出租给某宗教团体做"宗教广告"，广告词就是"信耶稣得永生"。在一次台风过后，"永生"两字经过狂风暴雨的洗礼，刮掉了头尾部分字迹，于是出现了令人喷饭的"信耶稣得水牛"的笑话。

然而，大家路过看了，都只是莞尔一笑而已，该训练所的管理员心想："广告费都收了，掉了字干我啥事？"就这样，日复一日，没人理睬，于是成了人们茶余饭后的笑谈。

国人素来有"个人自扫门前雪，不管他人瓦上霜"的自私心理，只要自己好就好，别人的事与我不相干，也懒得去理会。这可以从公寓大厦的鞋阵与胡乱丢弃的垃圾略见端倪。

只要我家室内干净，室外的脏乱与我何干？就是这种自私心、本位主义，造成环境品质的日益恶化，这可以说是大家"无心"的结果（没有"我为人人"及"推己及人"的公益心、恕道心）。

我们份内的事情要认真完成，份外的事情也要付出真诚的关注。认真，是生活的积极指标。当一个人默默地、认真努力地为家人、公司、社会、国家付出心力时，那是一种最美丽、动人的风采。做事认真的人，肢体灵活、生活丰富，人缘一级棒。

做事讲认真，做人则要讲纯真。我们知道，几何学上，两点之间最短的距离是直线；人与人相处，直率、坦诚、纯真，永远是良好人际关系的径中径。

儒家的圣者教我们要"不失赤子之心"，道家的圣者教我们要"返璞归真"，佛家的圣者教我们要"回归一真"，现代的教育家则教我们追求人性的"真、善、美"……人人都显现出如赤子之心般的圣洁、纯真、零污染，是久染红尘的我们所企盼的一种美好境界。

污染的心灵需要拿到人生的洗濯台，重新好好地清洗干净。愿人人以纯真无邪的赤子之心，为社会的祥和注入一股清新活力。

魅力四射站

成功不是偶然而是必然；快乐是靠创造而不是靠等待。

成功需要实力，快乐需要纯真。

凡事感激

对于曾经伤害、欺骗、遗弃、斥责过我们的人，我们依然深深地感激他们。

　　人是无法独存于世的，生活中大大小小的享用，都要靠他人的默默奉献才能够拥有，不管是直接或间接的帮助，我们都要时时怀着一颗"感恩之心"才对。

　　以出门上班为例，就是因为政府开了路、公车提供了服务、老板提供了工作机会、同事们提供合作、协力厂商提供支援、机器提供产能、买主提供订单，我们才能安心工作，进而享受充满阳光的人生。如果工作链中缺了一环，可能一切的生命愿景都将归零。所以，我们是不是应该常存感恩之心才对？

　　整个社会就像一部大机器，机器要正常运转，每个环节都需要发挥功能。就因为有众人辛苦付出，我们才能够方便地享有。所以，人人都需要感激，人人都应该感激。

而在性灵上还有更高一层的感激，这种感激能够"转恨为爱、转负成正、转烦恼为菩提"，是我们心灵向上提升的推手。

这种感激就是：对于曾经伤害、欺骗、遗弃、斥责过我们的人，我们依然深深地感激他们。

1. 感激曾经伤害过我们的人，因为他磨炼了我们的心志。

发明大王爱迪生小时候被学校放弃，学校认为他是无可救药的小孩，母亲噙着泪水把他接回家亲自教育。她凭着一股坚忍的意志力，克服了重重困难，最后教出了一位伟大、杰出的发明家。

这极复杂的心路历程，由恨转爱、由负转正，感激曾经伤害过他们的人，磨炼了心志。如果没有被深深地伤害，爱迪生终其一生可能只是个庸庸碌碌的人罢了。

2. 感激曾经欺骗过我们的人，因为他增长了我们的智慧。

俗话说："不经一事，不长一智。"智慧的高山，总是由经验的细石慢慢堆积而成的。被骗，是人生一种无可避免的经验，能让一个人逐渐累积智慧、迈向成功，值得我们感谢。

3.感激曾经遗弃过我们的人,因为他教导了我们应该独立。

人被遗弃时心中总是充满了无限恨意,但生活总是要过下去,愤恨不平之后,总是要咬紧牙关、面对现实,自立自强起来。

社会上很多拥有杰出成就的人,都有一个悲怆的童年。有一位白手起家的大企业家,小时候家境贫寒,借居亲戚家里,亲戚还按月跟他们收房租,一毛钱都不能少。有一次没钱付房租,母亲跪地相求,却被亲戚无情地赶出来。该企业家说,他尔后创业冲刺的原动力就是那一幕凄怆的场景,他很感谢那位无情的亲戚,让他彻底地觉悟与独立。

4.　感激曾经斥责过我们的人,因为他激励了我们的成长。

有很多上班族挟着高学历,初生之犊不畏虎,在职场上目空一切、眼高手低,长官、同事、下属全被他得罪光光,工作愈来愈难开展,最后只好黯然离职。有些前辈们会在惜才的动机下给予一番斥责,但那些狂傲者怎么能够接受?少数能够接受、反躬自省的人,最后都能成为职场上的赢家。

《山海经》记载,夸父追日,最后渴死。如果在夸父追逐日影的时候,有人给他当头一盆冷水,或许能泼醒他那狂妄自大的心火吧?炎热的人生道上,淌着大汗赶路时,"斥责"就像一盆冷水,能浇凉燥热的身心,清醒地迈向设定的目标。应该深深地感谢那些曾经斥责过我们的人,让我们在风雨淬炼中不断地成长。

感谢生活中有很多逆境来磨炼、考验,我们才能坚强茁壮,才能成为生活大师。

魅力四射站

知恩容易报恩难;不怕欠人情,只怕忘恩情。

懂得报恩的人就是成功,今天的笑声比昨天大声就是快乐。

做别人的贵人

爱、慈悲与助人，永远是人类提升性灵的重要元素。

诗人形容我们的人生是："有时风雨有时晴。"当无情的风雨来袭时，若有人适时地拉我们一把，他就是我们生命中的贵人。

在人生道路上，有的人只会消极地期盼贵人的出现，有的人则积极地去寻觅贵人，但你是否想过："我要做别人的贵人！"

不论是"盼着贵人"或"寻觅贵人"，终究是有求于人，希望别人能够在人生大疲乏上助我们一臂之力。

做别人的贵人就不一样了，它是我们主动、自信、关怀、慈悲精神的活力展现！我们可以从助人之中得到爱的回馈、精神的丰足与性灵的提升。施比受更有福，就是这个道理。

千万不要以为"做别人的贵人"是多么遥不可及或高不可攀的事。其实，生活当中助人的机会俯拾皆是，只要尽心力去帮助别人，我们就是贵人了。

俗谚说："渴时一滴如甘露，醉后添杯不如无。"当别人急需我们的帮助时，我们要勇于付出、乐于付出，用"无缘大慈，同体大悲"的爱心积极付出。念念之中都存着"我要做别人的贵人"、"我要帮助别人"的善念，积极去实践。如此一来，社会自然就日趋祥和，人心自然就变得美善。人心美善，环境就好转，地球就是最美丽的净土。

有人喟叹台湾的普世人道精神太弱了，所以像史怀哲等"为一群无关的人，默默付出一辈子的生命与心血"的人，似乎并不多见。

然而，台湾"九二一"大地震后，中部有一位木工师傅，顾不得自己房子已倾圮，卷起衣袖做义工，帮助灾区搭建临时屋，他说："助人为快乐之本！先帮别人盖，自己的慢慢再盖，住草寮也没有关系。"一位默默无名、憨厚朴实的台湾小木工，载着满满的爱心奋勇向前行，令人感动久久。他身材虽然瘦小，爱心却是硕大无比。他是灾区地地道道的大贵人。

据统计，台湾在"九二一"大地震之前，人心中有百分之四十是念念为自己，只有百分之十是帮助别人的；"九二一"大地震之后，却变成了百分之四十为别人，只有百分之十为自己。这种心灵急转弯是"人性的普

所有的成功者，都有一个共同的特点，就是拥有一颗「宁静的心灵」。静心能生智慧，静心能让EQ处在最佳状态，因而能做出人生最正确的决定与创意。

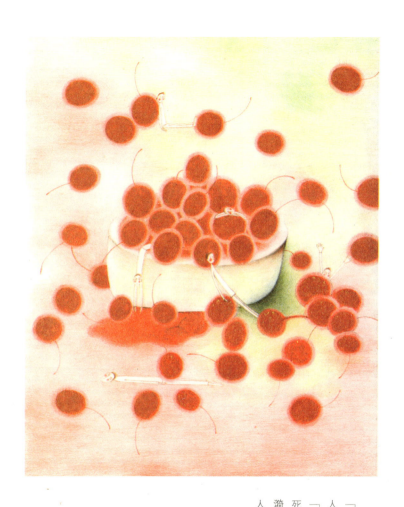

「驿动的心」才会带来
人生的喜悦与鼓舞，
「停滞的心」则像一潭
死水，激不起美丽的涟
漪。好奇心是启动动感
人生的开关。

遍觉醒",令我们感到欣慰与鼓舞。

世界首富——微软总裁比尔·盖茨,富甲天下,但他却只打算留给子女一小部分的财产,其余的百分之九十九点九都要捐给基金会,作为研究爱滋病的基金。面对二十一世纪的"黑死病",比尔,可以说是全人类的贵人。

功德在乎心诚,贵人不分大小。蛮荒非洲的史怀哲医师、中部灾区的小木工、世界首富的比尔、乐于助人的你我,都扮演着提升人类性灵的推手。

我们要在生活中发挥爱、慈悲与助人的精神,人人都积极做别人的贵人。

魅力四射站

先做好生命中的主人,就可做好别人的贵人。

多造桥少筑墙,多讲情少说理。

夫妻同心,黄土变黄金。手牵手、心连心,本分助姻亲。

心想事成,迈向成功路,美梦变成真。

追求全方位的成功

三分天注定，七分靠打拼，"爱"要经营才会赢。

　　一般人讲成功，总认为成功就是"名利双收、幸福美满"的意思。其实，我们如果洞察成功的真正含义，就能了解：成功应该是"过程"，而不是"结果"。

　　钱不是永远的财富，亲情和友情才是永远的财富。

　　很多人为了追求他们所认定的成功，一生汲汲营营、劳禄奔波，心为形役，苦不堪言，在人生最精华的时段，忘却享受生命的璀璨。纵使最后目标终于达成，赚进了金山银海，然而却失去了健康与活力，失去了享受这些"丰硕成果"的身心，一场突如其来的疾病，就会为他们的人生敲响警钟。

　　因此，真正的成功应该是要"全方位"的。心理学者及专家研究全方位成功的真义，订下了六条金律：

1.要有宁静的心灵：古今中外所有的成功者，都有一个共同的特点，就是拥有一颗"宁静的心灵"。静心能生智慧，静心能让EQ处在最佳状态，因而能做出人生最正确的决定与创意。如何才能静心呢? 方法很多，诸如：呼吸、静坐、冥想、音乐、运动……静心、养心就从这些小地方做起，培养自己成为口吐莲花、言语柔软、心灵洁净的人。

2.要有健康与活力：活力就是生活中的力量，一般人往往都只注重身体的健康，疏忽了心灵的滋养，导致人生缺乏热情与活力。唯有健康、活泼充满心田时，才能感受对生命的热爱、自我价值的提升、饱满的生命力与正向的思考，藉由这种言语、态度的改变，成就自己高尚的人格。

3.要有爱的人际关系：我们可以觉察，无论企业、工作、学校、家庭，无一不是"人与人"的问题，生活中百分之八十五的成功与喜悦，都决定在"与人相处"上，可见爱、被爱、分享爱是多么重要的一件事。"爱"是自我肯定、享受生命的丰富；"被爱"是一种接受与欣赏："分享爱"则是全然的付出与关怀。笑，全世界都跟着你笑；哭，只有你一个人哭。充分说明唯有分享的喜悦，才是加倍的快乐。

4.要有财富的自由：钱是通货，就像水一样，具有活动的能量，要流动畅通，才能源泉滚滚，不至于干涸。但钱的多寡并不是唯一的要素，俗话说"知足最上财"，懂得知足，才是人生最大的财富。只要生活不虞匮乏，不需要跟别人比较多寡，更不要做金钱的奴隶，而要做金钱的主人，如此才能享有真正的财富自由。

5.要有明确的目标与理想：俗话说："天下没有懒惰的人，只有失去目标的人。"生命的价值观带给我们生活的意义与目的，不论目标的规划是长期还是短期，都能引导我们燃烧生命的热情，一如孩童时代期待远足般的兴奋，这是一股丰沛的生命原动力。

6.要能自我了解与实践：人最大的敌人便是自己，最无法克服的便是自己的习性。人往往忙着了解别人，却不够了解自己，打开眼睛看到的尽是别人，而看不到自己。唯有一颗宁静的心，才能洞察自己内在的知见，才能了解自己的本质与属性，才能了解自己是世界上独一无二的存在。我们要珍爱自己、接受自己，要不断告诉自己：我喜欢我自己、我爱我自己！激发自信心，做生命的主人,跳脱旧习性的操控,让生命充满喜悦与创造力。

什么样的人最不容易成功? 分别是:

1.批评、抱怨太多的人;

2.坏习惯太多的人;

3.看电视太多的人;

4.睡觉太多的人(生前要少睡,死后自长眠)。

一个人想要成功,就应该具备随时准备成功的心情与信念。一个成功的人必须具备信心、毅力、勤奋、热忱等生命特质,并培养沟通的能力、积极的态度,一颗学习的心及勇于突破的精神。拥有这样的觉醒与决心,成功将不是难事,爱、丰足、喜悦,将不断来到我们生命中。

唯有将"财富的成功"与"心灵的丰富"结合为一,才能契入最高的人生圆融境界,才能真正成为"全方位成功"的人。

魅力养乐多

　　某生写作文"月考后记"，其中有一段这样写着："我的成绩单是'满江红'，父亲看了'怒发冲冠'，母亲在旁'潇潇雨歇'，我只好转过身来'仰天长啸'。"

满腔和气，大肚包容

一个懂得对人满腔和气、对事大肚包容的人，永远是人际关系的最大赢家。

做生意的人莫不奉"顾客永远是对的"为至理名言，因为"和气"才能"生财"嘛！如果你硬要跟顾客"真理愈辩愈明"，弄得脸红脖子粗，那客人跟你肯定没有买卖"第二春"了。

人跟人相处，总是"以和为贵"。中国自古以来，施政上讲究的是"政通人和"，故宫紫禁城的金銮殿要称做"太和殿"，再往后是"中和殿"，都是特别强调"和"字的重要性。

你是否有过跟人打招呼而对方置之不理的经验呢？一般人碰到这种"热屁股贴冷板凳"的情形，都会私下嘟哝不已。其实，有时事情并不像我们想像那样，大多数的情形是因为对方的个性使然，或是对方不擅于交际的缘故。如果你就此打退堂鼓，跟他（她）们从此以后"相敬如冰",很可能会失去可贵的友谊。所以我们待人处事,除了要养得"满腔和气"外,还要懂得"大肚包容",千万不要钻人际的牛角尖。每天多以笑脸迎人,多主动跟人打招呼,多多跟人互动就对了。

布袋和尚的"人际CIS"就是圆圆的笑脸(满腔和气),跟大大的肚子(大肚包容),它们都是人际关系圆融成功的标志。

以和气的心跟大肚量来包容别人,就是所谓的"有容乃大"。这令我想起一个故事:

从前有一位官居极品的良相在京辅国,他的子孙却很不肖,在家乡跟邻居发生龃龉,原因是邻居筑墙一时疏忽,超越了他们的地界三尺。宰相的子孙大发雷霆,除了当面给邻居难堪外,并急急修书到京城,要宰相用权势迫使地方官吏严惩"恶邻"。

宰相看完家书后,只是淡然一笑,振笔疾书写了几行字,交家仆带回。家人拆开一看,上面写道:

千里修书只为墙,让他三尺又何妨?

万里长城今犹在,不见当年秦始皇。

意思是,人生短短几十个寒暑而已,究竟有什么好争的呢?家人看了之后羞愧不已,便去向邻居告罪,邻居反而觉得不好意思,主动将墙缩回了六尺,这场地界惹的风波，终告圆满落幕。

俗话说"伸手不打笑脸人"。笑脸是人际关系的万灵丹，在待人处事上，只要能主动释出和气与善意，肚量大福气自然就大。千万不要凡事斤斤计较，一时贪了小便宜，最终却会失去大利益。

某旅行社包了一部豪华巴士带着旅行团去旅游，途中一对坐在后座紧邻厕所边的夫妇，悻悻然地跟导游抱怨，希望能跟前方座位的游客换一二小时的位置，好吸收点新鲜的空气。导游于是面带微笑走到前方一位温文儒雅的先生旁，跟他轻声商量。这位先生和气体谅地直说好，想不到邻座的太太却大大不悦，认为车上乘客这么多，导游却偏偏来找他们的碴儿。经过先生一番委婉劝解，太太才勉强答应。

导游千谢万谢地走回后座，跟那位游客报佳音，孰知那位游客忽然客气地说"不用了"。因为导游那幕协商拜托的场景他全看在眼里，认为"导游已经有尽力在做"，这就够了，自己也应该"委屈"一下，不要"再给别人添麻烦了"！

这件事就这样欢喜收场。可见"和气"与"包容"的

"人际活菌"，是多么容易发酵进而感染周遭的氛围。

一个对人懂得"满腔和气"，对事懂得"大肚包容"的人，永远是人际关系的最大赢家。

魅力养乐多

政治评论家亚瑟·史立佛总在专栏中严厉批评政治。这天，他的文章出现一句话："国会里有半数是疯狗……"

没想到这句话引起国愤。议员的强烈反弹，吵着要亚瑟更正道歉。亚瑟回应了，他在文章里这样写："国会里有半数不是疯狗……"

日日是好日，时时是好时

认真做好事，卡赢吃早斋。

一个大雨倾盆的清晨，有人看到一位老妇人站在自家门口哭泣，追问其原因，老妇人说："你看雨下得这么大，我那小儿子今天工地里的活，恐怕又要泡汤了，怎么得了哇！"

第二天早上艳阳高照，那人又看到老妇人依旧倚门哭泣，不解地再追问其因，老妇人说："你看这种艳阳天，怎么也不可能下雨，我担心我那大儿子卖的雨伞要严重滞销了！"

不同天气，一样悲情，因为老妇人的心已经走入了死胡同。这位仁兄忽然灵机一动，于是就说："老太太没有关系，你应该转个念头才对。下雨的时候，你就想大儿子的雨伞生意一定格外好；放晴的时候，你就想小儿子工地的活一定干得格外起劲。这样不就得了！"老婆婆想想也有道理，终于破涕为笑。

其实，外境的好坏，都是我们胸中这位"心灵工程师"所设计、营建出来的。外境本无好坏，好坏自在我心。只要我们能体悟、转境，就日日都是好日，时时都是好时了。

听过"一水四见"这句话吗？水在我们人类的眼中就只是"水"，但在鱼虾的眼中却变成它们的"房子"。据说在鬼道众生眼中，水就变成了"火"，在天神眼中又变成晶莹剔透的"水晶"。一种东西四样情，样样有别，心的境界愈高，所看出来的境界就越发高贵。

日子何尝不是如此呢？有人认为一年三百六十五天里，天天有吉有凶。其实日子本无吉凶，是我们这颗"执著的心"，恣意地把日子定出吉凶。只要我们的心能体悟，能转境，处处都是好风景。

有一首深富哲理的小诗是这么写的：

> 每天清晨睁开双眸，我就这么观想，
> 今天就像是一扉洁白无瑕的纸张，
> 我所碰到的一切人、事、物，
> 都将写成一首首美丽的诗……

坦白说，这种心境就是"悟后转境"的境界，人生能够这样正向思考，生命中的每一天、每一月肯定都是五彩缤纷的好日子。

中国道教流传着农历七月是"鬼月"之说，在七月里"诸事不宜"。在此"七月魔咒"之下，汽车销售业门可罗雀，新娘礼服店门前冷冷清清，甚至连重症病患都咬紧牙关，撑过七月才肯入院开刀……种种例子真是不一而足。

相信七月诸事不宜的人，心中笃定地臣服于这个魔咒，所以无人敢违抗。但是我们回头再看看那些不相信、心中无罣碍的人，七月的日子还不是过得好好的？例如，正信佛教徒认为农历七月是"教孝月"，基督教徒、天主教徒、回教徒等也没有所谓的鬼月之说，他们都跳脱了所谓"七月魔咒"，也都过得安然自在。可见"心生万法"一点都没有错，你坚信，就注定要掉入此魔咒中；你自在无碍，魔咒就不能奈你何！

我们的心灵需要活化，需要注入活水，一颗活化的心灵才能摆脱执著的桎梏，一颗有源头活水的心灵才能清澈见性。当我们运用"自信的能量"将心之翅膀鼓起，就能乘风高飞，远离那泥沼、漆黑、苦闷、烦恼、痛苦的魔咒城堡，翱向无拘无束、快乐自在的清净天际。

日日都是好日，时时都是好时，你就是心中的主宰。

魅力养乐多

老戏剧演员说:"一个美少女来敲我旅馆的房门,一看到我来应门,脱口而出说:'哎呀,我找错房间了。'我急忙安慰她说:'你没走错房间——只是来晚了二十年!'"

随和不随便

懂得待人处事随和不随便，人际魅力就会加倍显现。

大家一定都有上餐馆吃饭的经验吧！点餐的时候主人最怕客人说："随便。""随便"一词委实让人难以捉摸，点便宜了唯恐人家嫌你小气，点贵了如果客人并不喜欢那口味，花钱又受气。

当客人回答说"随便"时，不仅让东道主为难，也会令餐厅的服务生感到为难，因为很多口说"随便"的人，后来都变成"最不随便"的挑剔者。

胡适之先生曾写过一篇《差不多先生传》，将中国人马虎、随便的劣根性描绘得淋漓尽致。这些恶习正悄悄地啃噬着认真、务实的人心，默默地将社会给劣质化了。

我们为人处事，千万不要"随便"，而要"随和"。以不增添别人的麻烦为最高指导原则，这就叫"随和"，可说是"恕道"精神的落实。

随和，是尊重、慈悲、平易、推己及人精神的一种展现，并非要你和稀泥、仿滥好人。孔子说："君子和而不同。""和"是一种修养与胸襟，用这种修养与胸襟来维系人与人之间的雍和之气，并不是要你盲目地跟别人"同坐一条船"，因为我们仍拥有充分的目标自主性。

随便则是一种马马虎虎、模棱两可、含糊不清的性格。当我们听到有人说："这个人怎么随随便便的！"我们脑中闪过的，若不是此人做事马马虎虎，就是为人含糊轻率。总之，予人一种负面的观感。所以，我们应该努力在日常生活中改正这种不确定的个性才好。

不论我们在人生道路上扮演什么样的角色，都要养成随和的态度，避免随便的性格。如果你是主管，随和的态度能让职场的气氛良好，公司的向心力凝聚；如果你是员工，随和的态度能让同事间互动良好，工作的效率提高；如果你是父母、师长，随和的态度可以消除与年轻人间的代沟，并潜移默化地影响他们的心灵；如果你是青年朋友，随和的态度能消弥彼此的隔阂与误解，增进大伙的情谊，不时地划下温煦的火柴棒，点亮一盏盏暖人的心灯。

有一位幽默大师说："鼠的儿子不算老，龟的儿子总姓乌。"所谓"龙生龙，凤生凤，老鼠生儿会打洞"，如果我们待人处事随随便便，小孩子有样学样，尽得我们"错误的真传"也就不在话下了。

当主管的随随便便，做员工的就会跟着随随便便，公司的业务一定也是一团糟。当长辈的随随便便，做晚辈的就会跟着随随便便，伦理、亲情、义理都会随随便便得一团乱，焉可不慎！

人际关系专家认为，随和可以增进人与人之间的友善互动，随便只会弱化人与人之间的务实心灵。懂得待人处事随和不随便，人际魅力就会加倍显现。

魅力养乐多

一位疼爱妻子的老公问妻子说："下班之后要帮你带什么宵夜回来？"

妻："随便……"

待先生下班空着手回家时，妻子不禁娇嗔着："怎么都没带宵夜给我？你是不是不爱我了？"

只见先生一脸委屈："我找遍整个士林夜市，就是没找到卖'随便'的店哪！"

魅力条件三　幽默

一位情绪管理高手，不但懂得转苦为乐、转烦恼为菩提、转压力为助力、转悲伤为自在，还懂得转严肃为轻松、转刻板为幽默，成为一位快乐的生活哲学家。

　　我喜欢的幽默是能使我发笑五分钟，而沉思十分钟的那一种。

——威廉·戴维斯

魅力养乐多

"养"生有道、"乐"观开朗、"多"做善事。

　　养乐多富含乳酸菌，非常有益我们的健康，小小一瓶，滋味独具，滋养了许多人的心田。

　　养乐多也可以提升我们的人际魅力，这就是"魅力养乐多"：养是"养"精蓄锐、"养"生有道；乐是"乐"于惜福、"乐"于助人；多是"多"积福德、"多"做善事。魅力养乐多是我们身、心、灵健康的大补贴。

　　胡适说："要怎么收获，先那么栽。"我们的身、心、灵要健康，就要懂得"养"。"养"是一种功夫，儒家讲"养浩然之气"，道家讲"养生"，只要懂得养，健康自然就在其中。"养"的反义词就是"糟蹋"，它是一种不负责任的生活恶习，让我们的身、心、灵坠入绝望的深渊。

　　兵家在两军开战之前，都懂得要先让士卒"养精蓄锐"一番，才能一鼓作气、旗开得胜。学生在大考前，也

73

要懂得养精蓄锐,才能让头脑清楚、思路清晰,也才能考出好成绩来。养精蓄锐是一种休息(附加充电),是为了走更长远的路。

人生是一条崎岖多变的旅途,充满了荆棘、震撼、挑战,不管愿不愿意,每个人都必须坦然面对,而且大多数时候必须一个人踽踽独行。如果想成功、圆满地走这条人生遥迢路,首先要"照顾好自己",养生有道,才能让你活出快乐健康。养精蓄锐,才能让你精神抖擞,迎接晨曦。

养好了身心,还要乐于惜福、乐于助人。

智者教导我们要"知足惜福",知足跟惜福其实意思是相近的,都是对现况的一种理性的满足与珍惜。人生最大的烦恼就是"好比较",比较为烦恼之母,有"比较母亲"必有"烦恼之子"。人生如果不懂得放下执著、知足惜福,烦恼必定倾泻而来,让我们为之没顶。

纵然是一滴水,都是过去的福德因缘所赐予的,千万不能随意糟蹋。一个乐于惜福的人,对于事事物物都懂得疼惜,何况对人,他必定也是个非常乐于助人的人。

乐于惜福的人,我们可以从他们脸上读到"安乐自在"的魅力。乐于助人的人,我们可以从他们身上找到"付出最乐"的魅力。

　　多积福德、多做善事可以改变一个人的命运。西方的畅销书《圣经密码》里特别强调："行善可以改变一个人的命运。"我们东方也有一个大家耳熟能详的事例，那便是《了凡四训》的作者袁了凡先生，一生积极行善、彻底改变命运的故事。

　　《了凡四训》记载，明朝袁了凡先生年轻时，有一位姓孔的老人帮他算命，某年中秀才、某年中举人、某年当知县、俸禄若干、命中无子嗣、某年告老还乡、五十三岁寿终正寝……袁了凡都一一记下来。没想到随着岁月的流逝，老人的预言居然一一应验了。袁了凡变得既消极又颓废，心想"既然命运由天而定，我还努力做什么？"直到有一次因公到南京，在栖霞山邂逅了云谷禅师，才彻底颠覆了这个颓废的思想。云谷禅师告诉他："一般人没有修行积善，才会被阴阳气数所控制，也才有所谓的定数。一个懂得积极行善的人，命运就控制不了他！"一句话犹如醍醐灌顶，让袁了凡恍然大悟。

　　于是，袁了凡先生发愿"力行三千善事"，在他积极"行善积福"之后，老人的预言变得不准了。他不但生了个儿子，而且功名扶摇直上，在撰写《了凡四训》这本书的时候，年纪已超过六十九岁。

　　所以，多积福德、多行善事，可以将我们的命运妆点得更加美丽，而且处处散发出慈悲喜舍的魅力来。

魅力养乐多，对我们的人生实在裨益多多。

魅力养乐多

办公室里，三个同事正在闲聊。

"你相不相信胎教的重要？我老婆怀孕的时候，每天都看《三剑客》这本书，结果生了三胞胎！"小赵说。

小陈惊讶地嚷起来：

"这是真的！我嫂嫂怀孕时，天天看《七匹狼》，结果，她竟然生了罕见的七胞胎！"

一旁的小许听了，冷汗直流：

"我老婆还有三个月就要生了，她最近每天看《八百壮士》……"

做个情绪管理的高手

宽宏大量是个宝，放下执著不烦恼；心生欢喜不觉老，健康快乐有福报。

"这个人情绪失控了！"当我们听到这句话时，脑海中浮现的画面，是一个人突然变得歇斯底里，或是号啕大哭，或是暴怒吼叫，或是语无伦次……总之，给人一种非常负面的印象。

不论是悲伤、喜悦、痛苦、快乐、愤怒、安定，恐惧、放松、嫉妒、忧郁、贪婪、焦虑……正负面的情绪，天天主宰着我们的心灵，让我们"心情似水"，有时浪高、有时浪低，有时又波平如镜。心理可以冲击生理，也可以放松生理，所以，情绪的管理非常重要。

以悲伤为例，一个懂得情绪管理的人，懂得从内心去做"转化"的工作，不但抚平了悲伤的情绪，还能积极地奋起，转"悲伤"为"喜悦"。

曾经听说过这么一个故事：

从前有一位穷思想家带了一批门生，长年跋涉在外，寻觅明主。有一天晚上，他们来到一个村落，请求村人让他们借宿一夜，村人们因为不认同这位智者的思想，拒绝了请求。

那天晚上，天降大雪，他们饥寒交迫地瑟缩在一间破庙里，第一次感觉到这么的无奈与无助。门生个个沮丧、哀伤，甚至有一些愤怒。

智者这时以平静的心情合掌向天说："感谢老天，实在太棒了，你总是给我们任何需要的东西。"

旁边的门生听了，不解地问："今天晚上我们沦落到这种又饿又冷的地步，老师为什么还在感谢天？"

智者平静地说："大家听着，今夜我们饥饿、冻寒、悲伤，一定是我们生命中还欠缺这些元素，否则为什么他不给别人，偏偏给了我们？各位，我们必须心存感谢，感谢老天爷的特别眷顾！"

这不是与中国儒家圣者孟子所说的"天将降大任于斯人也，必先苦其心志，劳其筋骨，饿其体肤，空乏其身，行拂乱其所为，所以动心忍性，增益其所不能"的境界相符吗？

佛家也有"转烦恼为菩提"的名言，认为烦恼与菩提（觉悟）原本是一体。心迷失了就生烦恼，生烦恼就处处罣碍；心觉悟了就得快乐，得快乐就处处自在，关键也在一个"转"字。心能转境，即同如来；心不能转，痛苦无边。

若以现代心理学的术语来说，就是要人懂得"情绪管理"。一个情绪管理良好的人，如春风、如煦阳，自己喜悦，别人也愉悦。

我经常提倡"一个人过于严肃也是一种病"，严肃会使一个人的情绪受到极度的压抑。在严肃的外衣下，可能有着奔放的内在，如果一个人必须一辈子戴着严肃的假面具过生活，那是多么悲哀的一件事呀！

有一则西式笑话颇有"打破严肃花瓶"的效果：

有三个女人过世后来到天堂大门，守门的天使圣彼得问她们三人："在人间'是否有避开性'？"

第一个女人回答："是的，我完全避开它了！"圣彼得拿了一把钥匙给她，说："很好，这是天堂的钥匙，你可以到天堂去。"

第二个女人回答："我……我没有完全做到，大约一半一半。"圣彼得也拿了一把钥匙给她，说："这是轮回之门的钥匙，你必须再到地球上生活一次。"

圣彼得再问第三个女人说："那你呢？"

第三个女人娇滴滴地说："我完全没有避开耶！我

做了很多你想像得到的事,也做了很多你想像不到的事。"

　　圣彼得说:"好极了!这是我房间的钥匙,你先过去,我立刻就来!"

　　"过于严肃"或"莫须有的罪恶感"是灵魂上的一种病,人如果每天必须戴上不同的假面具生活,是一种沉重的负担。记住,千万不要让严肃桎梏了我们原本自在、活泼的心灵。

　　一个情绪管理的高手,不但懂得转苦为乐、转烦恼为菩提、转压力为助力、转悲伤为自在,还懂得转严肃为轻松、转刻板为幽默,先处理心情,再处理事情,这才是一个快乐的生活哲学家。

魅力养乐多

动物园管理员老丁，得知园里的大象旺旺死了之后，哭得伤心欲绝。

大伙都于心不忍，纷纷安慰他："别难过了，老丁，象死不能复生。我们知道你照顾旺旺这么久了，对它有很深的感情，可是你身体要紧，得节哀顺变哪！"

老丁停止哭泣，哀怨地开口："我还是好难过……因为，我必须工作三天三夜，才能挖出一个这么大的坑来埋它……"

让EQ与IQ均衡一下

理性与感性的平衡是智慧的提升。

IQ（智商指数）是中国台湾早期刮过的风潮，EQ（情商指数）则是近年来热门的话题。

知道为什么EQ会取代IQ成为热门话题吗？这代表现代社会人际关系愈来愈复杂，工作与生活的协调难度愈来愈高，所以，情绪智商的高低，往往就是一个人工作、事业及待人处事能否成功的关键。

IQ高固然可喜，但是许多很会念书、很会考试的"好学生"，在当兵入伍过团体生活时，或进入复杂的社会就业体系后，却显得格格不入。何故？因为他们虽是"IQ高手"，却是"EQ白痴"，EQ的重要性可想而知。

社会上绝大多数有成就的人，其实在校成绩都不是第一名或顶尖的。诺贝尔奖得主丁肇中博士也曾说过，很多获得诺贝尔奖的人，都不是毕业于第一流的大学，也很少是第一名毕业的。

所以，生活在当下的我们，不能太迷信IQ，而要多多关注EQ。

根据专家研究发现，人类智商的高低，主要由基因来决定，这是先天的、我们无法掌控的。虽然杰出的华裔美国科学家钱卓博士已突破了基因限制，孕育出高智商的"聪明鼠"，但毕竟这还是在白老鼠的实验阶段。人类要孕育出高智商的"聪明人"，可能不是短期内能够实现的。

我们虽然无法掌控智商指数，却可以通过后天的学习以增加我们的情绪智商。对于IQ不是顶高的你我而言，人生需要多运用EQ来取长补短，"让EQ与IQ均衡一下"，就等于握有一把成功的钥匙了。

有一位九十几岁的艺术大师，在众多后生的陪同下，到某艺廊参观极其前卫的西方裸体摄影展。

一位素爱促狭的记者发现了他，连忙趋前诘问大师："大师，原来你也'热中此道'啊！"

这种唐突的问话让身旁的人为之阒然。此时，只见这位大师呵呵一笑，说："年轻人，至少，我还可以'望梅止渴'一下呀！"众人闻之，莫不捧腹大笑。

大师以幽默机智化解了尴尬的场面，可称为高EQ的表现。

如果你的IQ属于中等，没有关系，只要拥有"较高的EQ"，两者均衡一下，平均分数还是可以拉高的。IQ不变，EQ可变，人生还是充满无限的生机呢！

如果以"绿色"代表一个人一生的杰出成就，IQ就是原生的"蓝"，EQ就是后天的"黄"。在原本蓝色基调的人生画布上，黄色可以调和忧郁的生命之蓝，均衡出美丽、充满希望的"绿"油油人生来。

良好的情绪控管，对工作、生活与家庭来讲都十分重要。佛法中有一句充满无限智慧的话，叫"转识成智"，意思就是"转情识为智慧"，若用现代的话来讲，就是"转感情为理智"的意思。

感情用事，不知道葬送了多少天伦的幸福、夫妻的恩爱、职场的和谐、人际的互动。翻开报纸、打开电视，每天有多少人因为感情用事，造成家庭破碎、职场恶斗……实在令人欷歔不已。

当我们的"情绪发条"莫名其妙紧绷时，请记得静心默念"转识成智"这一人生偈语，松弛一下紧绷的情绪，让理智取而代之。懂得"转感情为理智"，我们的人生才不会走入死胡同。

心迷失了就生烦恼，生烦恼就处处窒碍，心觉悟了就得快乐，得快乐就处处自在，关键也在一个「转」字。心能转境，即同如来，心不能转，痛苦无边。

我们虽然无法掌控智力商数，却可以透过后天的学习以增加我们的情绪智商。对于IQ不是顶高的你我而言，人生若能多运用EQ来取长补短，让EQ与IQ均衡一下」，就等于握有一把成功的金钥匙了。

魅力养乐多

　　纪晓岚是清代著名的大学士，皇上非常器重他。有一天，他走到御花园里游赏，被一群小太监围住了……

　　"纪大学士，你讲个笑话给我们听听吧！"小太监们嚷着。

　　纪晓岚想了想，说："从前从前，有一群小太监……"说到这儿他突然打住了。

　　小太监们急着想听下去，纷纷催促着："下面呢？下面呢……"

　　"下面？"纪晓岚笑了笑："下面没有了！"

　　小太监们被整，心里很不是滋味，下定决心要报复。有一天，他们在御花园逮着了纪晓岚，大伙把他团团围住，出了一个对子要考他。

　　"你听好，上联是：'三才天地人'，你对得出下联来吗？"

　　纪晓岚想了想："四季——夏秋冬！"

　　"纪大学士，你错了吧！四季怎么是夏秋冬呢？春到哪里去了咧？"小太监挑毛病地说。

　　"春？春早就没了……"纪晓岚又整了他们一次。

幽默与沟通的艺术

幽默风趣、畅通人际，才能顺心如意。

　　清朝独眼才子刘凤浩在考取殿试"探花"之后，赴皇殿接受皇上钦点。皇帝老爷见他只有一只眼睛，于是出了个上联想要为难他，上联是"独眼不登龙虎榜"。

　　刘凤浩当然知道皇帝老爷存心捉弄，但也镇定地对出下联："半月依旧照乾坤"。

　　皇帝老爷听了不禁暗叫声"妙哉"，但还是没放过他，于是再出一上联："东启明，西长庚，南箕北斗，朕乃摘星手。"

　　刘凤浩不假思索立即对上："春牡丹，夏芍药，秋菊冬梅，臣是探花郎。"

　　皇帝老爷听了之后大感满意，朱砂笔一圈，正式圈选刘凤浩为"探花"，留下一段佳话。

　　一对夫妻吵架，妻子号啕大哭地跑下楼，怒气冲冲地骂道："我真是瞎了眼才会嫁给你，简直是一朵鲜花插在牛粪上！"过一会儿，先生从楼上讪讪地下来，轻声地对太太说："鲜花，牛粪来了。"太太顿时破涕为笑，一场家庭风波于是收场。

幽默是人际沟通最美丽、最快速的桥梁。美国心理学家霍伯宙斯教授也说："幽默，是既利人又利己的双赢利器。"如果能将"幽默之糖"溶于"生活之水"中，日子一定过得既开心又甜蜜。

有人可能会说："我天生没有幽默细胞，不知道怎样才幽默得起来。"其实，专家教导我们，只要掌握三个要点，幽默就可以和我们长相左右了。

第一是"自我解嘲"。自己委屈一点有什么关系，当别人笑开了的时候，人际关系不就活络了吗？第二是"自我充实"。平日要多搜集幽默笑话，并建立资料库，这样随时随地就可以提用了。第三是"自我练习"。光是搜集还不够，怎样适切地表达才是艺术，这得靠多多练习了。一回生、二回熟，到正式登场时自然就能谈笑自如了。

幽默是一种活力、一种智力、一种魅力，但幽默要谨守"谑而不虐"的原则，否则就容易"弄巧成拙"。

　　一场简单隆重的婚礼结束后,观众亲友们都纷纷离去,新郎私底下问了证婚的牧师,到底证婚的"礼数"要给多少才不会失礼。

　　"哦……这个嘛! 平常我们牧师证婚,都是不拿费用的,只不过大部分的新郎,都会依新娘的美貌程度自由捐献。"

　　新郎听了,就把口袋里仅剩的一百元拿出来捐给上帝。牧师仔细看了看新娘,面带歉疚地说:"先生,我找九十九元给你……"

　　我在演讲的开场白,总是喜欢以幽默风趣的话引起听众的注意:"虽然我不是长得很漂亮,但我长得很自然,请各位目光集中,不要浪费我长得这么自然……"这样的开场白总是换来不少听众的欢喜互动。

　　东方人缺乏幽默感是受到传统文化制约的缘故,我们要勇于打破这种窠臼。幽默风趣是生活中的最佳润滑剂,而"笑"是一种内脏运动,可以消除百病。"笑看天下古今愁,了却人间多少事",笑口常开,好运一定连连来。

魅力养乐多

一位男子因为身体不适，到医院求诊。

医生说："为了你的健康，我不得不让你选择。"

男子："咦？"

医生："女人和美酒，你愿意放弃哪一种？"

男子："大夫，那要先看看他们是什么年份的……"

创造力&想像力

有行动力就有创造力,有创造力就能创造生命的奇迹。

有些孩子具有丰富的想像力。一次,老师出了一道"闹钟"的作文题,有一位学生这么写道:

闹钟是个多动儿,整天不停地走着、闹着,等到肚子饿了才会休息,我就用"电池特餐"喂他,喂饱了他又变得生龙活虎了……

没想到这位老师已是一位五十多岁、思想保守的人,他给该生作文的评语竟是:形容欠当。

老师的严肃僵硬,扼杀了学生丰富的想像力,也摧残了学生的自信心。

难怪"中研院"院长李远哲先生会感慨地说:"台湾的教育只知道训练学生做考试的机器,而未能教导学生解决问题的方法;只会制造竞争,而不知道社会需要的是合作。台湾有些后进班学生，到了美国都被当作天才……"

刻板的教育只能培育出刻板的学生，唯有提倡活泼教学，鼓励另类思考，才能激发学生无限的潜能。

"丰富的想像力"与"杰出的创造力"可说是一对好搭档呢！

有首名为《山居》的新诗是这样写的："青山一脚踢开我的门，把它的绿，泼洒到我脸上……"看到这么活泼的语词，一些思想保守者可能又要大骂"离经叛道"了。但谁又能否定作者突发奇想的创造力与高超的想像力？

如果广告公司能聘用这种"离经叛道"的作者当创意总监，相信一定能缔造出佳绩。

英国人瓦特（James Watt，1736—1819），原本只是一位数学仪器制造员而已，因为看到沸腾的开水使壶盖振动不已，遂领悟到"汽力"的原理。他孜孜不懈地研究，终于发明了蒸汽机与火车头，为工业革命写下辉煌的新页。瓦特如果没有异于常人的想像力，怎么会有造福后世的发明？

在日常生活里，其实有很多启发人心的事物不断地发生着，只是被"大而化之"的我们忽略罢了。不只是具象的物质需要想像力与创造力，连抽象的语言也需要想像力与创造力呢!

像赞美、责备、幽默,甚至白色谎言等,都因掺入丰富的想像力与创造力而效果加倍。

譬如,如果你是个将近四十岁的女人,以下三组赞美词,你会喜欢哪一组?"你看起来一点都不老。""你看起来比实际年龄轻些。""我敢打赌,你绝对不会超过三十岁!"显而易见的,相信全天下的女人最喜欢听的一定是第三组吧!因为赞美者想像、创造出来的"极度肯定的氛围",着实会让女士们为之感动万分。

再者,如果你是业务经理,当你拜访客户时对方以咖啡招待,而你压根儿就不喜欢咖啡的味道,你该如何应对?如果沾都不沾一下可能会失礼,喝了又会极度的不适,这时,你就需要一些"应对上的创造力"了。

你可以这么说:"我之前拜访了五位客户都是喝咖啡的,我怕这一杯再喝下去,今天晚上非失眠不可了!"

这样的白色谎言其实无伤大雅,客户一定会非常乐意帮你更换饮料的,如此既不失礼又保住了面子,"应对上的创造力"发挥出它的神奇功效。

人生,不管是真的、虚的、实的、假的、有的、没的……都需要丰富的想像力与创造力来装点,只要出发点是好的,我们大可以乐此不疲。

魅力养乐多

自然课，老师问学生："当盐跟糖溶解于水中时，要如何把它们分开？"

学生个个抱头苦思了半天，突然有学生恍然大悟地说："老师，我知道了！首先要把它们蒸干。"

老师很满意地点点头，其他的同学也都投以崇拜的眼光。

这学生接着说："然后把蚂蚁丢进去，它们就会把糖搬出来。"

"乒乓！乒乓——"一旁的同学全倒……

命好不如习惯好

性格即是命运，要改变命运先改变性格。

　　玛丽亚向任职心理医师的朋友诉苦说，她就读小学的女儿愈来愈任性，常对她大声吼叫，不知道有什么方法可以改正这个坏习惯。

　　医师朋友笑着说："我们可是好朋友了，我不必讳言，要避免孩子养成坏习惯，你得自己先要有好习惯才行。"

　　医生进一步告诉满脸狐疑的朋友说："在心理学上，女孩子的个性会模仿同性的母亲，而她的人际相处方式则会模仿父、母亲的相处方式。"

　　玛丽亚这才恍然大悟，孩子对她的态度，不就是她对先生的翻版吗？玛丽亚暗自下定决心，从今以后要做好情绪管理。

　　人之初，性本善；性相近，习相远。孩子启蒙前就像一块洁白无瑕的布匹，随着年龄的增长，大环境的染缸，日复一日将他们纯洁的心灵逐渐染上黑色（暴力）、灰色（颓废）、黄色（色情）、绿色（和平）、蓝色（忧郁）等颜色。可知道，"习惯"就是染料，我们对于"习惯"能不慎乎？

"命好不如习惯好"是我们经常提倡的观念，一个从小养成好习惯的人，习惯会带领他们迎接生命中的每一道彩虹。而一个只深信命运，不知提升性灵的人，命运最终会带领他坠落生命的绝谷。

在此，我特别提出"成功者的十种习惯"，与大家一同分享：

1.宁静心灵是一种习惯：人生最大的幸福，就是能常保一颗宁静的心。静心舒情，倾听天籁，聆听自己内心深处的梵音，它能洗涤垢污，让自性的纯真自然流泻。

2.终生学习是一种习惯：在浩瀚无涯的智海里，人类宛如沧海之一粟。吾生也有涯，而知也无涯，因此，终生学习是我们谦卑自省后的人生座右铭。

3.情绪良好是一种习惯：良好的情绪管理让人际关

系如沐春风，而不良的情绪管理则会让人际关系如履薄冰。我们要经常保持一颗轻松喜悦的心，来夷平人生道路上的荆棘。

4.温柔祥和是一种习惯：现代人生活压力大，碰到事情，人人竞做大声公，好像谁大声谁就有理一般。殊不知，一个成熟的人应以温和来取代暴戾，以讲理来取代无赖。我们要将温柔祥和的风，吹遍生活中的每一个角落。

5.幽默风趣是一种习惯：保守古板不知折杀了多少青春之翼，不苟言笑不知阻塞了多少喜悦之泉。幽默风趣，自娱娱人，幽默是人际关系里不可或缺的润滑剂，它催动着青春气息，带来了喜悦鼓舞。

6.惜福惜缘是一种习惯：知足的心是存折，惜福的心是印鉴，人生若懂得知足与惜福，生命银行中总有提领不完的幸福利息，而珍惜人与人之间的缘分，则是一种慈悲的互动。惜福、惜缘，能让自己与周遭永远洋溢温馨与喜悦。

7.准时礼貌是一种习惯：在现今工商繁忙的时代，

人人守时、守信，才能让社会的巨轮高效率地运转下去。守时代表尊重与信用，一个守时礼貌的人，永远是广受欢迎的人。

8.凡事感激是一种习惯：经常拥有一颗感恩之心的人，必定拥有高洁谦虚的胸怀。人绝对没有办法独自存活于这个世界，我们日常所吃的、所穿的、所住的、所享用的，哪一项不是别人的付出与创造？所以，我们一定要把感恩当成待人处事的一种习惯才好。

9.肯定自信是一种习惯：谦卑是一种成熟的人生观照。社会是由各行各业的人组合而成，因为我们所学、所知实在有限，故要学习谦卑。但谦卑并不等于压抑，对于本业要展现无比的信心与毅力，这才是推动社会向前行的原动力。

10.耐心、恒心是一种习惯：俗话说"有恒为成功之母"，能坚持到最后一秒钟的人才有资格获得成功之钥。现代人崇尚速食主义，凡事求快求速成，盲目躁进。智者说"急则败矣"，唯有恒心与耐心，才能慢工出细活，织出锦绣的人生。

命好，不如习惯好。我们实在不能把一生的幸福，托付给渺不可知的命运之神。虽然"时来运会转"，但"时去梦也空"，唯有积极养成"成功者的十种习惯"，才是生命最可靠的依托。

魅力养乐多

有位严肃又迷信的老伯，每当他出门都要翻黄历，理头发要看日子，传宗接代也要看时辰。

有天，黄历上写："不宜出门。"

但老伯有急事非得外出，就从围墙跳出，不慎围墙倒下压住他，家人赶来抢救。

老伯却说："等一下，先翻黄历才行！"

凡事过度迷信反而延误好时机，唯有谈笑风生才能引得好运来。

打扫心灵的垃圾

将困顿煎熬的逆境，转化为冷静思考，喘一口气总会云开见日。

　　台湾是个海岛，四面环海，故沿岸沙滩特别多。如果你选择春暖花开或秋高气爽的日子来到海边，看着蔚蓝的海水、柔细的金沙，绵延无垠，轻踩着浅潮漫步，充满了无限的诗意。

　　然而报载，北部某县的海滩垃圾为患，不但瓶瓶罐罐到处散落，甚至沙滩下还露出弃置的针筒，不但环境为之污染，还带来"致命的危机"。有一次，一群爱乡的环保人士带头发起净滩活动，一天下来，平均一算，每公尺的海滩垃圾竟然高达好几公斤！

　　我们的心灵亦然，心原本像明镜，清可鉴人，干净、清澈，包容一切万物，然而在滚滚红尘中，它逐渐蒙尘、污秽了，有的甚至变成了"垃圾收集站"。

　　干净的心，成就干净的社会；染污的心，成就染污的社会。只要我们的心灵能够净化，海滩就能再见美丽，青山就能再见苍翠，只要心灵净化了，青山绿水就能与我们长相为伴。所以，一个美丽的社区，必定有一群充满爱心的邻居在付出；一个丑陋的社区，必定有一群缺乏公德心的邻居在糟蹋。

所以，拓展开来，当人人懂得勤于"打扫心灵的垃圾"，让心灵常保干净，就能使社会日益和谐、净化、进步。

如何避免囤积心灵垃圾呢？

1.避免"贪婪"：贪婪是人类的第一大心灵垃圾。

既有一，还少一，绝无餍足之时。对金钱的贪婪，可以不择手段去追求；对权位的贪婪，可以钩心斗角去追求；对于美色的贪婪，可以丧尽天良去追求。贪婪，就像心灵宇宙的黑洞，吸光了人类纯洁的性灵。

2.避免"嗔怒"：嗔怒是人类的第二大心灵垃圾。

西哲说："发一次怒，比发一次烧还要厉害。"现代医学研究也证实，经常发怒对身体有极为不良的影响，一个经常乱发脾气的人，孤独会在他的四周筑起一道道冰冷的高墙，拒绝了温煦的阳光和生之喜悦。

3.避免"愚痴"：愚痴是人类的第三大心灵垃圾。

愚痴的人，凡事为我、自私自利，昧于真相、近视短见，经常"占得了小便宜，失去了大利益"。愚痴的人，因为永远与昏昧为伍，从他的待人处世里，实在难以抽出一丁点儿的智慧之苗，他的心湖，宛如一潭死水。

贪婪、嗔怒、愚痴，总括了一切的"心灵垃圾"，所以也叫做"心灵之毒"、"心灵之癌"。

诺贝尔医学奖得主温柏格医师曾研究指出："正常的细胞需要'充足的氧气'，癌细胞则恰恰相反，它是一种'厌氧细胞'，在氧气不足、血中氧浓度过低，或是自由基浓度高时，会造成可怕的分裂与蔓延。"

像心脏血流充足，我们是不是很少听说有人罹患心脏癌的？而"抽烟肺"与"毒染肝"就不同了。可见"缺氧、染污"绝对是身心灵的大敌。

我们知道，空气、水质、食物、心灵的污染，是致癌的四大杀手，也就是说，"垃圾空气"、"垃圾水质"、"垃圾食物"、"垃圾心灵"都与癌症结下了不解之缘，而前三者的造成都是由于"垃圾心灵"作祟的缘故，垃圾心灵才是总乱源。所以，"打扫心灵的垃圾"实在刻不容缓，是人类的当务之急。打扫心灵垃圾，把干净还诸性灵，把健康还诸身体，把自然还诸天地。

魅力养乐多

　　亨利戴名表却不守时，上高级西餐厅却不懂得礼仪，开名车却闯红灯。

　　他被警察拦下来："难道你没看到红灯吗？"

　　亨利回答："有啊！可是我没看到你。"

魅力条件四　自信

"魅力"是座大宝山，但必须通过开采工具，才能获得魅力宝藏。而"自信"就是最佳的开采工具。

　　坚韧是成功的一大因素。只要在门上敲得够久、够大声，终必会将人唤醒的。

——亨利·华兹华斯

魅力潜能，无限宽广

自信就是魅力宝藏的最佳开采工具。

很多人让自己的魅力冬眠了。

魅力，其实潜藏在每一个人的身体中，只要通过适切的引导，魅力就会倾泻而出，让我们成为广受欢迎的人。

魅力的基础来自于自信，拥有自信，才能展现魅力。很多人一碰到挑战就畏畏缩缩、犹豫狐疑，他们会问自己："我真的做得到吗？""可能太困难了吧？"于是，在畏缩、压抑之中，魅力就进入冬眠期了。

相对的，一个充满自信的人，他的人生口头禅是："很简单！""我可以！"通过言语的自我暗示，发挥出不可思议的神奇力量，能将最困难的事情完全克服。

积极、自信会展现出个人的迷人风采，魅力潜能是无限宽广的，只要激发出自信心，就会引导出无穷的魅力来。

我们来看看有名的"库耶暗示"：

　　法国的心理治疗家爱弥尔·库耶博士曾通过"自我暗示疗法"，治愈了一位十年来无法举起手臂的患者。他只对患者说："无论什么事情，只要我们认为它会那样，它便会那样。"他叫患者重复地想像着"我可以举起手臂"，在自我暗示的强力信心激荡下，患者最后终于成功地举起了手臂。这就是"库耶暗示"的临床实验。

　　库耶博士的名言是："不论我们做任何事情都要想像'这件事很简单'！我们要将'太难了'、'办不到'、'不可能'这些负面的词语，从人生的词典中剔除，代之以'很简单'、'可以的'这些正面的词汇，一生之中只用这些正面的词汇就好了。别人认为再困难的事，只要你认为它很简单，它自然就会变得很简单了！"

库耶这种正向思考法，能将一个人的自信心完全激发出来，魅力也就油然而生了。

魅力潜能无限宽广，拥有自信才能展现。

魅力就像一座大宝山，能让我们的人生丰富多彩，但必须通过开采工具，才能获得魅力宝藏。"自信"就是魅力宝藏的最佳开采工具。

　　西哲说："每一个人都是上帝最完美的杰作。"每个人都是这世界上"独一无二的存在"，绝对没有一个人能取代你的地位。信心就从这个观点开始建立起，一个人能够自信地扮演好自己的角色，就能开采无穷无尽的魅力宝藏。

　　有一位风趣的演讲家，在演讲中特别强调"每个人都是上帝最完美的杰作"。台下有个麻子忿忿不平地提出抗议，他大声质疑道："难道我也是上帝最完美的杰作？"台下观众哈哈大笑，演讲家面不改色，双手一摊道："谁说不是！你是最完美的麻子！"

　　唯有忠于自己的角色，才能让魅力自然地展现。

　　一个人如果能够勇于扮演好自己这个"独一无二"的角色，外表美丽的会更加美丽，外表平凡的会更具吸引力，外表安全的会更有独特的魅力。

　　魅力潜能无限宽广，你该具备的只是信心，你该开发的只是自然。

魅力四射站

爱语如和谐的音乐；

微笑如盛开的花朵；

善行如浊世的清流；

真理从清醒而来，善良从体谅而来，魅力气质从智慧而来。

甩开忧郁，奔向阳光

安心睡、快乐吃、欢喜笑、健康做，化解一切烦恼忧郁。

一位朋友说，他在花店买了一些富贵竹，长度各约十五公分，回家后分成两半，一半插在面对墙的水晶瓶中，另一半则插在落地窗前采光较佳的瓷瓶里。

过了约半年，朋友量量水晶瓶中的富贵竹，依然是十五公分，且叶片已略显枯黄。但瓷瓶中的富贵竹却已经"旱地拔葱"地长了五十公分高了，而且青翠层层、生机勃勃，展现出无比的生命力来。

关键就在于阳光，朋友仿佛听到瓷瓶中的富贵竹粲然地说："愈亲近阳光，生命力愈旺盛。"水晶瓶中的富贵竹则凄楚地说："愈远离阳光，生命力愈憔悴。"

一样的富贵竹，一样的六个月，身高竟然悬殊了三倍之多，真是令人惊讶不已。阳光，真是光明、活力、奋起的催生者，植物如此，人又何尝不是这样？

阳光，是生之告白；黑暗，是死之呢喃。从一个人对

109

阳光的喜好度，就可以看出他的人生究竟是"蓬勃的春天"抑或是"枯槁的冬季"。

自卑的人怕见阳光，因唯恐阳光泄了他们的底；忧郁的人怕见阳光，因为他们的心灵充斥灰暗的基调。黑暗虽然是他们的保护色，却也是夺去他们快乐因子的元凶。

联合国的医学专家曾提出警告，二十一世纪的人类将面临三大可怕的"世纪黑死病"，那就是——癌症、爱滋病、忧郁症。其中忧郁症跟工作、生活、人际压力日益庞大有重大关联，而且不以肉体的创痛来表现。"忧郁"这玩意儿，看不到、摸不着，却会将我们的心灵打入生命冷宫、人生死牢。

在精神疗养院里，有一位穿黑色雨衣的妇人撑着一把黑色的雨伞，蹲在角落，终日不发一语。

所有的医师都束手无策。

有一位年轻的医师突发奇想？学妇人穿起黑色的雨衣，撑黑色的雨伞，一言不发地蹲在妇人身旁。

经过三天，妇人终于开口道："原来你也是一朵小香菇！"

很多外表看来风光、开朗的人，其实内心正承受着痛苦的煎熬呢! 说"忧郁"是心灵的无形杀手,实在一点也不为过。最近有许多名人现身说法,公开自己罹患忧郁症的历程,其中有位公益形象非常好的戏剧名伶S小姐,也勇敢地宣告"我得了忧郁症。"可见"忧郁"真的是新世纪隐形杀手,绝对不能掉以轻心。

S小姐说,压力大的人原本肠胃就不好,她发病前感到心悸,连续一个礼拜睡不着,看遍了肠胃科、脑神经科、心脏内科,结果检验报告一切正常,最后才在"心理医师"处找到正确解答。

她原是一个自我要求甚高、事事追求完美的人,医师告诉她:"十件事只要有五件做得不错就可以了,因为你是人,不是神。连菩萨都还有缺陷呢! 何况我们只是凡人。"她终于茅塞顿开,于是以"多放松、多冥想、多运动、多迎向阳光"逐渐走出忧郁的阴霾,现在已经完全康复了。

放下执著、甩开忧郁、奔向阳光,是回归正常、快乐人生的不二法门。人的负面情绪是颓丧、烦恼、黯淡的,我们可以观想成日出前枝叶上的露珠儿。当朝阳冉冉升起后,光明洒向林野,暖意送到枝头,露珠儿也就逐渐蒸发消逝了。

有位年轻人一直认为自己是条毛毛虫,整日学毛毛虫爬行。家人只好将年轻人送到医院去。

经过三个月的治疗，年轻人终于知道自己是人而不是毛毛虫。

出院那天，年轻人正要走出大门，却在医院门口看到一只鸡，他又害怕地冲回医院不肯出来。

医师问年轻人："你不是已经知道自己是人，不是毛毛虫了吗？"

年轻人回答："是啊！但那只鸡还不知道啊！"

人生的习题，偶尔会有艰涩难解的时候，我们不必抱着"一百分"的哲学不放，那种"分数的单恋"是很痛苦的。"一百分哲学"不是人生的必修课程，而是选修课程。

有了这个光明的认知，人生的朝阳一升起，忧郁的露水终将消逝无踪。

甩开忧郁，奔向阳光，充满希望的一天又开始了。

魅力养乐多

聚会时，跛子、瞎子、秃子、麻子争着坐主位。于是四人协议：最会调侃自己的特色者，才能坐主位。

跛子说："我金鸡独立。"

瞎子说："我目中无人。"

秃子说："我无'发'无天。"

第四位麻子坐上主位说："我不要脸！"

接受自己的不完美，调侃缺点，离开自卑，走出自信。

敞开心房，接受当下

不烦恼，要乐观；不恐惧，要心安。

有一位小学老师问班上的学生："喜欢自己的请举手。"结果三十位同学之中只有八位举手，老师再问："不喜欢自己的请举手。"结果竟然有十二位同学举手。

我们的社会是不是生病了？连最天真浪漫的年纪，都有这么多人"不喜欢自己"，遑论将来长大成人投入社会的大染缸，遭受到外在一波波压力与内在的纠结后，"不喜欢自己，讨厌自己"的成长率会有多高了。

其实，一个人只要懂得敞开心房，坦然接受当下的自己，就可以免去很多无谓的烦恼。因为人天性好比较，而且都是拿"别人的优点"来比"自己的缺点"，也难怪愈比愈烦恼，愈比愈痛苦，愈比愈不是滋味了。

当我们看到的尽是别人风光的外表，却不知道他们也有许多痛苦的内在，便很难不对他们投以艳羡的眼光，而对自己抱以怨怼的心情。主观的情结就像春蚕，吐出重重的烦恼丝，将自己团团裹死。

　　你看古时候的皇帝，位居九五之尊，吃不尽的山珍海味，享不尽的荣华富贵，但是谁能了解他们的内心也经常在滴血？一位智者就曾不屑地说："傻瓜才当皇帝！"因为皇帝儿子多、嫔妃多，为了争权夺位，骨肉相残，根本不像是一家人。宫廷喋血、大逆弑亲的事件比比皆是，皇帝老子有时候也只能孤独地遥望明月，唱着人伦的悲歌而已。

　　反不如当个平民百姓，一家人和和乐乐地团聚在一起，父慈子孝、兄友弟恭、夫妻情深、朋友讲义，日出而作，日落而息，"帝力于我何有哉！"这才是人间至乐呀！

　　所以，我们不必艳羡别人的荣华富贵，也不用烦恼自己的清淡平凡，只要调整好自己心灵的喜悦音符，将它们安放在适当的位置，就能成为一首快乐、自在的生命乐章了。

　　唯有放下比较、缠执的心，敞开心房，接受当下，才能快快乐乐地活出真实的自己，才能做个知足知命的生活哲学家。

　　所有外境的好坏，其实都是我们这颗缠执的心在作怪。当我们的心能够静定下来，一切外在的扰攘都将随风而逝。

　　印度的一位灵修者说："静心，对你非常有帮助。当你身处烦嚣的市场时，听到很多的噪音，或许也掺杂着车声、火车声、飞机声，一般人都会觉得非常烦躁。但你只要静下心来倾听它，脑海中不要一直认为它很吵，你要当做在聆听一首美妙的音乐般去倾听它。忽然间，你会发觉噪音品质有所改善，它不但不再令你心烦，反而变成一股安抚心灵的力量。这就是说，只要我们懂得静心倾听，即使是市场的嘈杂声都将化为悦耳动人的音乐……"

　　这位灵修者认为，即使听到某些从来不认为值得去听的声音，我们也要高高兴兴地去聆听它，就好像在倾听贝多芬的奏鸣曲一样。忽然间，我们会发觉，我们已经改变了它的品质，它变得如此柔美悦耳——因为在静心倾听的时候，我们"执著的自我"已经消失了。接受一切当下的声音，即使是噪音也不会影响心中的平静，这跟佛家讲的"境随心转"观念相符。

　　中国人有个大毛病就是"死要面子"，只要有了面子，有没有里子倒不是那么重要。这种民族性格让国人很不容易敞开心房，让自己坦诚。

不必艳羡别人的荣华富贵，也不用烦恼自己的清淡平凡，只要调整好自己心灵的喜悦音符，将它们安放在适当的位置，就能成为一首快乐、自在的生命乐章了。

所有外境的好坏，其实都是我们这颗缠执的心在作怪。当我们的心能够静定下来，一切外在的扰攘都将随风而逝。

　　譬如"家丑不可外扬"的观念就是其中之一。外国人能够很轻松地说："我很忧郁,我已经跟精神科医师约好了两点半。"但国人就不同了,非到万不得已,绝对不敢去看精神科门诊;勉强去了还要戴口罩,偷偷摸摸的,好像在做一件多么见不得人的事。心房敞不开,就没有办法接受当下的自己,当然也就没有办法快乐地"活在当下"了。

　　每个人在茫茫人海中都有专属的坐标,不是别人可以替代的。不管扮演什么角色,不论从事什么行业,都要快快乐乐地"安于其位",做什么就像什么,更要勇敢地打破人生的假面,敞开心房,接受当下,让宁静的心提升生命的品质。

魅力四射站

　　珍惜自己,尊重别人,善用生命中的每一刻,落实在生活的喜悦中。

放下布袋，何等自在

天下事不如意者，十常八九，我们要多看其一二，也就洒脱了。

中国古代，在浙江奉化出了一位圆脸笑靥、大腹便便的和尚，胸怀肚量大，整日笑眯眯，肩上背了一个布袋，有人供养东西，他就往里头丢，怪就怪在袋子永远也装不满。他经常这么唱道：

　　我有一布袋，虚空无罣碍，

　　展开遍十方，入时观自在。

因此大家为他取了一个绰号——布袋和尚。

布袋和尚相传是兜率内院弥勒菩萨的化身，因为据记载，布袋和尚圆寂的时候，口中曾念出一偈：弥勒真弥勒，分身千百亿；时时示时人，时人自不识。

布袋和尚的"人际CIS"就是"满脸的笑靥"和"超

大的肚量"，是我们处理人际关系的好榜样。

他有一首著名的诗偈，千百年来广泛流传着：

老拙穿衲袄，淡饭腹中饱，补破好遮寒，万事随缘了；

有人骂老拙，老拙只说好，有人打老拙，老拙自睡倒；

涕唾在面上，随他自干了，他也省力气，我也无烦恼；

这样波罗蜜，便是妙中宝，若知这消息，何愁道不了？

这是何等淡泊、恢弘的气度与胸襟！若说他是来这个世界"游戏神通"的，一点也不为过。他还留下一首诗，充满无限的智慧：

吾有一躯佛，世人皆不识，不塑亦不装，不雕亦不刻；

无一滴灰泥，无一点彩色，人画画不成，贼偷偷不得；

体相本自然，清净非拂拭，虽然是一躯，分身千百亿。

如果从传统迷信"求神拜佛"、"添福添寿"的角度来看待、探索布袋和尚，绝对是会大大"着相"的，因为布袋和尚的境界早已契入精奥的宇宙无涯智海中了。

布袋和尚教我们要懂得"放下布袋"，才会"何等自在"。事实上，我们的人生背负了太多布袋，我们的心灵亦背负了太多无奈，有几个人能欣然醒悟"放下"之乐呢？

智者说："提得起"不算本事，"放得下"才是真功夫。就拿男女感情来讲，两人在一起是要两情相悦的，丝毫勉强不得。偏偏很多人"情字这条路"走得非常辛苦，因为他（她）们莫不一厢情愿地"非卿莫娶"、"非君不嫁"。如果另一半变了心，他（她）们用的方法是"重重提起"——报复、自杀、自弃，而不识"轻轻放下"——宽恕、祝福、自省。难怪社会上天天都有光怪陆离的情杀事件发生。

再拿人与人之间的嫌隙为例，很多人在人际关系发生争执、龃龉时，只会"重重提起"快意恩仇，而不懂得"轻轻放下"化解心结，最后弄得两败俱伤，仇恨愈结愈深，这岂是有智慧的人的做法？

不管是个人、族群、国家，凡事"重重提起"，只会让彼此间的关系愈来愈紧张，"轻轻放下"才能激发出人性中最可贵的纯真与美善。

　　万事万物我们都要如是观照,千万不要"行也布袋"、"坐也布袋",那是很沉重的生命负荷。要懂得"放下布袋",人生才会"何等自在"。

魅力四射站

　　　　昨天是今天的前世,
　　　　前世来不及参加追思,
　　　　但还可以省思。
　　　　明天是今天的来世,
　　　　我们希望怎样的来生,
　　　　赶紧付出爱与善心。

我是一株勇敢的小草

有一颗健康奋起的心，就必定有一个坚毅奋起的身躯。

黄土路上的小草，一点都不起眼，但它们的生命力却坚强无比。任凭人们不停地践踏蹂躏，依然活得灿烂。

当台风来袭、狂风骤雨后，老树新枝纷纷摧折，残花败柳散落一地，唯独黄土路上的小草在大雨初霁时，依然欣欣向荣。

不管人类与大自然怎么践踏、摧残它，它依然伫立。

野火烧不尽，春风吹又生。小草的生命力真是坚韧无比呀！

小草这种任人践踏也要勇敢活下去的精神，值得我们效法。

有人说，现代人活像是玻璃人，禁不起摔一个跤，不但身体脆弱，信心更是其脆无比。当我们看到小草奋力求生、韧性十足的精神，能不兴起向它学习的念头吗？

心灵，要踩着学习的阶梯一步步向上提升。

有一颗健康奋起的心，就必定有一副坚毅奋起的身躯，不畏人生的挑战，勇往直前；甚至当身体逐渐衰老时，心灵依然不断地滋长、活化，并且时时迸出"智慧"的火花。

然而我们也经常看到有些人虽肢体健全，心灵却早已"病入膏肓"，活像空心的枯树般，经不起小小的撼动，也抽不出青翠的绿芽。

曾看过一则令人啼笑皆非的故事，讽刺人类病入膏肓的心灵。

两个人因为喝得酩酊大醉，被带到推事面前，但他们都否认有罪。

推事就问刑警："请问你凭什么判断这两个人醉得失去理智了？"

"这位正在乱扔钞票。"刑警指着一人说。

"另一位呢？"

"而那位则把钞票捡起来还给他。"刑警详细地说明经过。

　　台湾有一位得了肌肉萎缩症的朱姓青年,医生宣布他的生命再活不过几年,他不但不向命运低头,反而乐观地活着,并且到处演讲,激励更多的人。美国的海伦·凯勒女士,既聋又哑又瞎,生命像被丢入炼狱的残体。我们实在无法想像看不见、听不到、讲不出的人生,是何等的幽暗与凄楚,然而她不但坚强地活下来,还成为全世界人人景仰的教育家、慈善家。

　　他们原本是最需要被人照顾的,反而照顾了更多的人;他们原本是最需要被人同情的,反而激励了更多的人。在世界的各个角落里,很多这种熠熠发光的"勇敢生命体",为生命的意义写下感人的诗篇。

　　大家经常说"认真的人最美丽",我却也要说"坚勇的人最有魅力",因为他们拥有一颗永不气馁、奋力向上的钻石心灵。

　　台湾的雪山上,有一株巨大的、风格独树一帜的玉山圆柏,它不畏高山恶劣的环境,从大石缝里奋力迸长出来,艰苦成长了数百年,终于傲视群伦,无与匹敌。想当然耳,再硕大的树木也是从小幼苗开始一步步成长的,玉山圆柏经历过无数山河岁月的淬炼洗礼,才换来如今在湛蓝的天空下,一批批登山者的激赏。

　　相较于玉山圆柏在高山上层现它尊荣的奋斗人生,郊外路上踩不死的小草,也在平地为我们喁喁诉说着勇敢、坚毅、不气馁的真谛。

看到了"春草年年绿"，一颗奋发的心又开始蠢蠢欲动了。

魅力四射站

幽默的高信谭教授曾经中风，但因为他正向积极的心境，所以恢复得很快，又到处幽默演讲，从未怨恨老天爷不公平，也不等人服侍他。

他积极正向的幽默，可以化解恐惧担忧，乐观开朗为痛苦找到出路，为疾病找到生气。

人要苦中作乐、败中求胜，培养幽默风趣。

命运是用"心"打造出来的

顺境中的好运，为人们所希冀；
逆境中的好运，则为人所惊奇。

日本的经营之神松下幸之助，虽然是一位成功的大企业家，但若回过头来看他的前半生，他亦是学徒起家，历尽坎坷。虽然老天爷没给他什么恩典，但他经常挂在嘴边的口头禅是："我实在很幸运！"

松下幸之助经常对别人说，"幸之助"的意思是：经常有好运气能够得到别人的帮助。由于他的心中充满了乐观、感恩的积极活力，故能用"心"打造一番大事业。

日本有一位心理学家教导我们，想要好运连连，可以每天默念"我很幸运、我很幸运……"三十遍以上，这样，命运的轨迹自然就会往好运的目标挺进。他还特别提倡"日记开运法"并亲自奉行了数十年，成效斐然。

所谓的"日记开运法"，便是把每天生活里大大小小"好运的事情"，用笔记录下来，并认知它绝对不是因缘巧合的，它是因为我们"运气好"的缘故。好运的事愈记愈多，自信心、乐观心、感恩心越发丰沛，它们会将命运的红毯，悄悄地铺在我们面前，引导我们迈向顺遂、成功的人生。

前面说过，心能生万法，心的力量大到不可思议，也神奇到不可思议。

有两位旅人行经一片广大的沙漠，天气燠热难当，日暑渐西，他们所携带的水已然喝尽。当喉干舌涩、苦躁难安时，暗夜中他们踉踉跄跄地来到一片高坡上。其中一人猛然瞥见坡下稀微的月光中有一片粼粼的波光，两人连滚带爬地奔下坡去，掬起来就喝，觉得味如甘霖，浑身舒畅无比，喝完后倒头呼呼大睡，嘴角还噙着满足的微笑。

可是第二天早上醒来一看，四周遍布动物的尸骸，原来昨晚喝的水是一大滩浑水。

我们来做个有趣的假设，如果他们两人今天早上醒来，依旧口渴难当，闭着眼睛再去喝那"浑水"，我想应该还是甘美如昨吧？坏就坏在今天早晨是睁开双眼的，一样的水，感受竟然"南辕北辙"，够神奇吧！

小明不会念书，家里及学校给他的外号是"笨蛋"。

高中时老师和家长商量，不如让他到社会学一技之长。后来这个笨蛋要上班的时候，刷牙看着镜中的自己说："笨蛋在刷牙！""笨蛋在洗脸！""笨蛋要去上班了！"

当兵时，小明智商测验得到168的高分，所有亲朋好友、同学都来道贺说："你是天才！你是天才！"此后，小明要去上班时，就觉得精神奕奕、充满自信，告诉自己"我是天才！""天才要去上班了！"

现在他已是多家公司董事长、天才社长。

心能生万法，心的力量大到不可思议，也神奇到不可思议。因此人人都要做个积极、有智慧的心灵工程师，好好用"心"打造自己的命运之路。

对于上苍所给予我们的"命运账单"，我们不一定要照单全收。命运会依着个人的观念和行为而呈现不同面貌，这就是命运最可爱的地方。

所以，如果我们想打造不凡的人生，一定要将"思想观念"和"生活方式"这人生建筑的两大地基打得牢固。基础牢固了，上面就可以淋漓发挥，展现建筑艺术之美了。

　　思想观念就是我们的"心"，生活方式就是"心"的行为，人生的命运，就是这么用"心"给打造出来了。

　　这颗心如果能够常保积极活力，人生就有看不尽的美丽浪花。

魅力养乐多

　　有个小学生，功课一团糟，父母想尽办法补习、家教……都没用，遂将他转进管教严格的天主教学校。

　　从此，他一回到家就紧闭房门念书，直到就寝。终于，分发成绩单了，令父母惊奇不已的是，他竟然得了"A"。

　　爸爸激动地问："是因为修女教得好吗？"

　　"不是！"

　　"那是什么原因呢？"

　　"因为，我进学校的第一天，就看见有个家伙被钉在架上，我想，他们是跟我玩真的。"

129

接受不完美的自己

月亮不一定要圆满，残缺也是一种美。

　　西施是春秋战国时代有名的美女，传说她有心绞痛的毛病，每当心绞痛来袭时，她都捧胸蹙眉忍受着痛楚（即西子捧心）。孰知这一"痛苦形象"竟变成另一种迷人风采，据说当时有很多仕女们纷纷起而效尤，学西子捧心"无病呻吟"起来。

　　没有人天生就是完美无瑕的，纵使美如西子，也有身体上的缺陷。缺陷有时候"瑕不掩瑜"，反倒成为另一种美感呢！

　　一位心理医师曾表示，一个人如果过度追求完美，会带来精神极大的压力，进而演变成精神官能上的问题。懂得欣赏缺陷美，才能让我们执著、紧绷的身心得到适度的松懈。一个勇于接受"不完美的自己"的人，才能快乐地扬起生命的风帆，航向自在的天际。

　　完美，其实在每个人的人生词典里，都有不同角度的诠释。"情人眼里出西施"，就是另类的诠释，因为每个人的观点、看法都不尽相同。譬如：有的人喜欢双眼皮，有的人喜欢单眼皮；有的人视眼袋为赘物，欲去之而后快，有些男人却极欣赏有眼袋的女人；有的女人"不择手段"地过度瘦身，有些男人却酷爱丰腴型的女性。所谓"人心不同，各如其面"，一个执著地活在自我的主观认定中，拼命追逐所谓完美的人，毋宁说是人生的"可怜悯者"了。

　　道德上的完美亦同。虽然说，我们应该用道德的香水来喷洒我们的身、心、灵，但这只是一个努力的方向，绝不是要勉强我们顷刻之间就变成"道德上的超人"。须知，过多的圣洁压力，会让一个人完美之灯尚未升起，就被现实的狂风骤雨所摧残。无论是身体抑或心灵，我们都要懂得放下"一百分哲学"，人生才会快乐自在。

　　智者就曾说过："完美是毒，缺陷是福。"完美虽好，它的另一面可能潜藏着无限的危机，就像登峰造极无限的美好，俯瞰下去很可能就是千仞的峭壁，稍一失神，就会粉身碎骨。人人都爱丽质天生，但谁能体味红颜薄命？人人都喜位高权重，但谁能知晓高处不胜寒？

　　缺陷虽不够美好，却也潜藏着无限的生机，只要能知足惜福，勇敢面对真实的自己，从缺陷田中勤种希望之苗，还怕人生没有好收成？

最近基因的话题非常热门，当我们听到某某人有"基因缺陷"时，都不禁油然生起同情心来。但你知道吗？有的人却因为基因的缺陷而"因祸得福"呢！

有名爱滋病患者，本来必死无疑，就因为他身体有基因缺陷，这种缺陷反而阻断了爱滋病的发作，迄今他仍然活得好好的。基因缺陷竟成了他的"救命仙丹"，这可以算是最大的"缺陷美"吧？

不完美，并非可耻，不完美，亦非低人一等，就像手指伸出来有长有短、身体站出来有高有低一样，都是再自然不过的事。你看矮个子拿破仑席卷欧陆，迄今仍是法国人的光荣。残废并不能击倒海伦·凯勒，耳聋也不能击倒贝多芬，"马脸"更不曾使林肯总统害羞，举世很多有杰出成就的人，都不是第一名毕业的"完美高材生"啊！

就从今天起，让我们卸下虚伪的假面具，坦然用真实、自然、不完美的自己来过生活。当我们能勇于接受不完美的自己，乐于接受不完美的自己时，"不完美"这个虚浮的概念，就会逐渐从我们的性灵中淡出，我们就能重新寻回那失落已久的纯真与自在。

魅力四射站

花儿吐露芬芳，
树梢随风轻摇，
鸟儿枝头鸣叫，
云朵舒卷自如，
溪水淙淙流动，
只要是"活"着，就散发生命的喜悦与希望。
宇宙任何的"存在"，都值得庆祝和喜悦。

魅力条件五　乐观

换一套心灵轻体，
习惯昂首挺立，
让自己接受百分之百光明的讯息。
不要一再重温旧"痛"，
拿过去痛苦的回忆来惩罚现在宝贵的自己。
快乐唱歌、吹口哨，
摆出快乐自信的POSE向前走。

世界上没有比快乐更能使人美丽的化妆品。

———布雷顿

不要意气用事，要智慧当家

柔软心无罣碍，身心安顿多自在。

东汉孟敏扛着一个瓦罐，由于行人拥挤，瓦罐被挤落，掉在地上打碎了。孟敏头也不回，向前走去。

郭林宗追上孟敏，好奇地问："你的瓦罐打破了，你瞧也不瞧一眼，似乎一点都下在乎。"

孟敏回答："瓦罐既然打破了，瞧它又有何用。"

孟敏的豁达处事态度，就是典型的幽默人生观。

有一位生活哲学家喜欢养兰，庭园里种了很多兰花，尤以一株极品甚得其青睐。

有一次，他因公出国，特别嘱咐太太细心照料兰花，哪知太太浇水时，不慎打翻了极品兰花，一株名兰于焉"香消玉殒"。太太心中惴惴难安，直到先生回国。

当太太嗫嚅地告知先生实情，准备挨"一顿好骂"时，先生却只微笑地轻拍太太的肩膀说："没有关系，我是为了'怡情养性'而种兰花,并不是为了'生气'而种兰花!"太太听了感动得说不出话来。

兰花本无事,何须庸人自扰之。

世间的事情都要如是观照。我们并不是为了"生气"而去做事,是为了开心、快乐、喜悦、兴趣、责任、期盼而去做该做的事,这就叫"智慧当家"。不管做任何事情,千万不要陷入"感情用事"的痛苦泥沼中。

有人说"人是感情的动物",但千万不要因此谬以为人应该是"七分感情、三分理智"的,当感情过度滥用时,社会的公理、正义可能就要大大地式微了。

我们可以用逻辑学的"三段论法"来看待"感情"和"理性"的关系:

1.大前提:人能够控制自己的思想。

2.小前提:人的思想产生人的感情。

3.结论:所以,人能够控制自己的感情。

就如同:事件发生→经过思考→带领情绪→成为态度。人之所以异于禽兽,就在于人懂得"智慧思考"。

但我们看看自己、环视周遭,"理智"是否经常被"感情"给取代了?作为理性、成熟社会的一员,我们是不是应该好好地检讨才是?

> 妻子和丈夫吵架后气愤地说:"我就是嫁给魔鬼也比嫁给你强!"
>
> 丈夫立即回答说:"你嫁不了魔鬼的,法律规定,近亲不准结婚。"

爱与恨是两种极端不同的情绪,本应是永不相交的平行线,诡奇的是:爱到极点可以"转爱为恨",恨到极点也可以"转恨为爱"。如果了解到这都是"感情用事"的愚昧产物,也就不足为奇了。

会随利害转变的爱并不是真爱,只是"伪善因子"披了爱的糖衣而已。

理智的爱永远不会变质,一位理智者如果与他人产生误解或嫌隙,他懂得通过智慧的观照,运用幽默、机智、挚爱与慈悲来化解怨结,绝不会感情用事,造成难以弥补的结果。

一个懂得"智慧当家"的人,永远是成熟、圆融、真爱的生活大师。

魅力养乐多

　　有一次，萧伯纳在逛书摊时，看到自己的一本剧本，打开一看，竟是自己送给某一位朋友的，首页还写著："×× 兄指正，萧伯纳敬赠。"

　　萧伯纳有点难过，但仍把这剧本买回来，并在同一页再加上一句："萧伯纳再度敬赠。"然后寄给那位朋友。

以爱互动，激发喜悦光芒

有爱的地方就有力量，用心感受，用行动付出。

一位朋友带了一株瑰丽的大珊瑚登门向石崇炫耀，在众人啧啧称奇声中，这位朋友踌躇满志、得意洋洋。哪知主人正眼也没瞧一眼，冷笑道："那算什么！"就命家仆搬出一株巨硕无比的超级大珊瑚，众人眼睛为之一亮，纷纷竖起大姆指赞叹这才是真正的稀世之宝。然而就在众人称羡声中，石崇大棒一挥，硬是将这株超级大珊瑚给敲得粉碎，众人于是公推石崇才是真正的"超级大富翁"。

这种人际的互动是以"比较、斗强"为主，只会败坏社会风气与践踏人性尊严，并不足取。

还有一种以"憎恨"为人际互动的模式，更不可取。最惊悚者莫若第二次世界大战时，希特勒屠杀了六百万名犹太人。

唯有"爱"与"慈悲"才能化解人与人之间的怨结仇恨，以爱互动的人际关系，就像寒天中流上心田的一股暖流，能激发人性无限的美善与光辉。

育有两名幼子的妇人，其先生被砂石车辗毙，坚持控告肇事者，在胜诉后查封对方仅有的房子。该司机突然暴毙，留下妻儿四人，数度跪求原谅。在天人交战、恨恨交缠中，原告以大爱原谅肇事者，还撤销查封，让孤儿寡母得以安身，并和"仇人的眷属"一路相互扶携慰勉、相疼相惜。

这种"以德报怨"、"化干戈为玉帛"的大爱之心，确实感动了不少人。人与人之间，实在没有不能化解的冤结，也没有不能原谅的敌人，更没有不能提升的悲悯胸怀。

有爱的地方就有力量。爱与慈悲所在的地方，就有伟大的力量存在。爱，在人生的战场上，所向披靡，是一支人际常胜军。

与人相处，不管远近亲疏、长幼尊卑，都要随时携带"真爱"这把金钥匙与人互动，它将让我们成为广受欢迎的人。

魅力四射站

真正的爱，是为情人流一点儿感动泪水；

愚蠢的爱，是为情人流一辈子眼泪。

多情就是爱，无情就是坏；

多情则万事成功，无情则万事成空。

心灵喜悦之旅

转化内在意识，激发无限潜能，自己就是一座宝藏。

有的人喜欢到固定的餐厅用餐、喝咖啡，有的人则喜欢不停"开发"新的餐厅。前者喜爱一切都驾轻就熟，完全在自己的掌握之中，后者则喜欢尝试不同的风味、气氛、刺激与新鲜感。

不管是食、衣、住、行或各种生活行为，每个人都有不同的见地与习惯，不能说孰是孰非。因为每个人脑海中都潜藏着不同的认知与惯性，这是"思想决定行为"的写照，也就是说，性格会影响一个人的命格。

一个懂得透过动态静心让肢体扩张、震荡，来解除各种的自我设限，再经由冥想引导转换内在的意识，进而打开心门，激发内在无限潜能的人，就是可以尽情享受心灵"喜悦之旅"的人。

我们的头脑一直都有着理性的陷阱。很多根深蒂固、习以为常的观念，其实都是滞碍我们心灵转圜的绊脚石，让我们关闭了一个又一个的喜悦之门。我们只要勇于打开它，就能激发出无限的潜能，进而享受喜悦、自在、圆融的人生。

享受喜悦、圆融的人生有三个法宝：

1. 心轮静心舞：是一种融合观想与呼吸，让身、心、灵柔和为一的舞蹈。心灵要常静，静能让我们的身、心、灵更加丰盈充沛。

2. 五字真言："爱、赞美、感恩"是圆满人生的五字真言。我们要以包容的爱对待一切众生，千万不要自私自利、愤恨满怀。赞美则是鼓舞人心的"精神充气机"，它可以让一颗颓废的心灵重新振作起来，让消极的心态得到激励与鼓舞。感恩的心则能让人与人之间以感谢来温暖互动，一个经常懂得谦虚自我、感激别人的人，将为原本冷漠、疏离的社会，注入一股又一股的暖流，滋润大家的心田。

3. 自省四律：人生没有太多的应该，只有感恩的心；人生没有太多的借口，只有我是责任者；人生没有太多的担心，只有自信心；人生没有太多的等待，只有活在当下。

这四条"金科玉律"值得好好阐发。

人生没有太多的应该：很多人经常会觉得周遭的人甚至整个社会、国家亏欠他太多，应该如何如何弥补他、如何如何厚待他。很少人会认为，周遭的人及社会、国家待我已厚，我得之于它们已多，我要懂得感恩与惜福。就因为人人心中都盘踞着"太多的应该"，所以自私、利己的思想充塞心田，缺乏自省的心。所以人生没有太多的应该，只有感恩的心、报恩的行，知恩容易报恩难，我们要做到不怕欠人情，只怕忘恩情。

人生没有太多的借口：大多数人都乐于享受既有的成果而吝于付出，总是找得到一箩筐的借口来逃避责任与担当。他们乐于"人人为我"，而不知"我为人人"，专挑人生的"软柿子"吃，工作要"钱多事少离家近，位高权重责任轻"，生活要"睡觉睡到自然醒，打球打到脚抽筋"。试问，天底下有这么好的事情吗？人生应该是"我是责任者"，这才是一个积极、发挥大爱的使命。

人生没有太多的担心：杞人忧天是一般人的通病，事情未做前怕做不好，做了之后又怕后遗症多，不做又觉得难以交代，每天就在这种担心受怕、犹豫踟蹰中浪费了宝贵的时间，糟蹋了宝贵的生命，这毋宁有点悲哀了。人应该要时时刻刻以"坚定、饱满的信心"来冲破人生的难关，人生只有自信心，没有担心。

人生没有太多的等待：世界上不少民族都有类似"望夫石"的凄凉故事，可见这是一种人类的"凄美宿命"。这些贞烈的爱情故事固然感人甚深，但是如果数十年如一日地活在"过去的甜蜜、现在的痛苦、未来的渺茫"之中，是非常令人婉惜的。不管是男人或女人，人，唯有懂得"活在当下"，才能把握住当下这"最真实的人生"。感情固然值得流连，但现实生活依然不能脱节。人生，不能有太多"绮丽、空泛"的等待，我们要积极、勇敢地活在当下、活出尊严，才能让生命更加灿烂。

心灵喜悦之旅，就是打开心内的门窗，看到世界的好风光，用心去感觉、体验，从游戏中输入正面能量，唤醒我们灵性自觉的人生课程。当我们懂得活在当下，感受爱的魅力，让理性与感性均衡，就能实现真善美的圆融人生。

魅力四射站

向黎明问好，
感觉这美丽的一天，
充满成长的喜悦、
亮丽的色彩、
生命的荣耀。
昨天是一场梦，
明天只是一个想像，
只有真实的今天才能给你快乐的实现。
向黎明问好吧！
你将拥有美妙的一天。

心灵喜悦之旅，就是打开心内的门窗，看到世界的好风光，用心去感觉、体验，从游戏中输入正面能量，唤醒我们灵性自觉的人生课程。

水到穷时可以再发源，
路逢尽处可以再开径。
静心，就能打开烦恼痛
苦的「人生死结」，心
能止静，烦恼就会逐渐
淡出，喜悦便来敲门。

激发喜悦能量

打开心窗，你将发现生命之美。

　　成功大学航太研究所杨宪东教授，是一位以现代物理学切入身心灵研究有成的学者，他曾经研究指出：静坐，可以使我们脑波频率变高，和子（注：灵识的精神体，带正电）能量提高。这是因为微中子（宇宙能）与人类和子之间"能量交换"的结果。

　　微中子到底是什么？物理学家都承认宇宙中有一种空虚无质的辐射能，从宇宙各方射向地球而来，每秒以千兆粒计算，那便是微中子。当人类的和子捕捉到微中子时，即进行能量交换，不断地充电、蓄积能量，所以，静坐（或禅定）功夫愈深的人，脑波的频率愈稳。

　　因此，人的一生，是不停在"充电"的过程，能量的多寡则端看各人的"付出"而定。一个努力修心养性的人，和子能量高，脑波频率"稳如泰山"；而一个作奸犯科的人，终日惶惴不安，和子能量低，脑波频率"惨不忍睹"。

能量，看不见、摸不着，但它的的确确存在。

喜悦，即是一种正面、积极的能量，激发喜悦能量，能让我们人生更加快乐与鼓舞。

近来有一项调查报告颇令人吃惊。

"电子新贵"、"科技新贵"，是时下对在高科技公司上班的科技人的欣羡称呼，因为这些高科技公司员工每年均享有公司丰厚的分红配股，年终奖金动辄数百万者如过江之鲫。

但根据一份颇负盛名的医疗保健杂志调查显示，在八百多位新竹科学园区的"科技新贵"受访者中，对工作感到"焦虑不安"者竟高达百分之九十六，而自认为生活过得"不快乐"的人，竟也高达百分之四十二。由此可见，"金钱"真的不是万灵丹，"高配股"终究敌不过身心的"高压力"与"高折旧"。

其实，在工商繁忙、竞争激烈的现代社会里，哪个行业不是"压力与烦恼共舞"？人的身心为了"糊一口饭、争一口气"，可说是年年高折旧、年年高净损，但是又何奈呢？

水到穷时可以再发源，路逢尽处可以再开径。静心，就能打开烦恼痛苦的"人生死结"，心能止静，烦恼就会逐渐淡出，喜悦便来敲门。从静心到喜悦，是个全新的"精神初体验"。

当我们懂得解脱缠缚、沉淀心灵时，喜悦已经在向我们招手了。为什么"偷得浮生半日闲"会如此地诱人？因为那是一种能量大耗后休息充电的喜悦感。

譬如，当我们放下一身的繁忙，搭着赏鲸船"快乐出帆"，沿途，船的四周游来了三四千只的海豚，这是多么壮观的场面呀！在海天浩瀚里，欣赏着海豚的激情演出，喝采声让它们更加卖力地秀出"鸢飞鱼跃"的快乐与自在。

这时，一股巨大的喜悦能量奔流入心田，这是在烦躁的工作中从未体验过的快感，这种快乐与自在实在难以言喻。

再更上一层楼，功夫好的，我们还可以"偷得浮生日日闲"。这是一种"相有体空"的境界，身虽然缠缚在工作里，但心却可以不罣碍，套句现代话来讲，就是"在工作中追求喜悦"。如此一来，工作就是休闲，休闲即是工作，只要心能够转境，喜悦自然汩汩而来。

车要加满油，才能迈向征途；树要吸足水，才能欣欣向荣；人要激发喜悦，才能昂首飞扬。

喜悦能量，充电饱满，带领着我们走出快乐的人生。

魅力四射站

掌握情绪,快乐生活。

珍惜生命,惜缘生活。

规划生涯,让梦起飞。

和谐人际,成功快乐。

就会赢得,理所当然。

释放负面情绪

如果错过太阳时，你流泪了，那么你也将错过群星。

——泰戈尔

曾有一计程车司机，只因无法顺利超车，火大之下竟以无线电呼朋引伴，将该轿车驾驶围抄痛殴一顿出气。也有人因为公共电话成了"吃角子老虎"，愤而将该电话砸烂——只为了区区几个铜板。

人只要无名火一升起，愤怒将主宰他的情绪，什么冲动的事情也做得出来。所以情绪控管非常重要，"火气大"的人，切记要懂得从"无明之釜"底下静心地抽出"愤怒之薪"才好。

愤怒，可以说是人体内最负面的一种情绪。俗话说："怒从心中起，恶向胆边生。"怒气可以为恶胆"加持"，罪恶就这么冲动地造作出来了。

负面情绪，同时也会薄弱我们身体的防卫能力，台大一位免疫学博士就曾呼吁："负面情绪，会影响一个人的免疫力。"故而,如何"释放负面情绪"就成了我们道德上、健康上的一大课题。

人的负面情绪到底有哪些呢?只要对身心灵健康有所妨碍的均是,诸如:愤怒、急躁、忧郁、烦恼、自卑、颓废、固执、钻牛角尖、缠执……综合说来,总脱离不了两种心态作祟的缘故:第一是"比较的心",第二是"顽执的心"。

西哲说:"比较,为烦恼之母;顽执,为痛苦之父。"一个凡事爱比较、个性顽执的人,烦恼、痛苦天天都会成为他的座上宾。

从前,一个"小日本人"到美国观光,在出国之前即听说"米国"这个国家非常强盛,地大物博,甚至连身材都是大上一号呢!

有一次,他随团在一家大饭店用餐后独自随处走走,忽然尿急想找盥洗室,于是比手画脚地问了服务生。

服务生若有所悟地指向前方二十米外的第二个门,日本人却急忙冲过去打开了第一个门,惊呼道:"哇塞!不得了,这里真的什么都大!"

原来,他进入的是该饭店的游泳池。

好比较，有时还会闹出国际级的笑话呢！

人实在是非常奇怪的动物，"好比较"似乎成了我们生活中的七寸，当没有的时候想要有，有了之后就嫌小、嫌丑。就这样"输人不输阵"，整日牵缠痛苦，于是负面情绪鼓胀满满，让人惴惴难安。

对付之道唯有"放下"两字而已：放下没有意义的比较心，放下没有意义的顽固缠执心，如此才能从燥热烦苦中得到清凉与自在。

前些年，日本高中或大学生非常盛行跳楼自杀，没想到，近年来台湾也染上这个"自杀瘟"。原因不外是：课业压力太大，考不好无法面对父母与师长。在父母的"好比较"心理作祟下，孩子只被当成是父母身体与意志的延续而已（面子绝对输不起），孩子失去了他们的人生自主权（并不是独立的个体），成绩不好就要狠狠挨揍，难怪小小年纪，体内却充斥着愤怒、急躁、忧郁、自卑、颓废、钻牛角等这些带有"自杀因子"的负面情绪。其中就有人选择"死谏"，来对这个好比较、顽执的病态社会做出无言的控诉。

没有飞不起来的气球，除非它没有被灌气；没有永远的坏孩子，除非他没有父母的爱与关怀。我们常常压榨孩子的成绩，成绩不代表成功，成绩一百分不如孝顺多一分。

难怪医学专家会指出，负面情绪不但会造成人体的免疫机能衰退，还会造成一个人精神官能上的问题，诸如：忧郁症、躁郁症、强迫症、自杀等严重后果。负面情绪真不是一个好东西，我们绝对不能再对负面情绪这个胀满的气球吹气了，唯有适时地予以松解释放，人生才会清凉自在。

魅力四射站

孩子像贝壳，

外壳坚强刚硬，

内在柔软，

需要父母爱的关怀与呵护，

但是很怕那没有包装的爱——命令、谴责、权威式的教育和啰嗦的爱。

知足心，惜福情

人想要的太多，需要的并不多。

上帝为我们开设了一家幸福银行，里面有我们取之不尽、用之不竭的丰厚存款，但是上帝交给我们使用的存折是"知足存折"，印鉴是"惜福印鉴"，生活中如果懂得知足、惜福，一生之中就有"提领不完"的幸福利息。

但是，如果一个人贪得无厌、糟蹋浪费人生时，上帝为了不暴殄天物，会提前收回存折与印鉴。届时，人不但会落得两手空空，"烦恼魔"和"病苦魔"还会落井下石地频频来跟他做对，让他一生凄惨无比。

知足最上财，知足，才是人生最大的财富。我们看一个人富不富有，不是看他的财产有多少，而是看他到底知不知足。不知足，可以说是生命的"败家子"，因为贪婪心是无底洞。一个生性贪婪无度的人，有，还想要有，多，还想更多，永无厌足之时。一旦玩火过头，刹那之间，人生风云变色，金山银矿，一夕之间化为乌有。这种骄贪无度，最后一败涂地的事例，可以说随手拈来皆是。

良田千亩，日仅三餐；华夏万栋，夜宿一席。一个人纵使拥有千亩良田，每天照常只吃三餐就可以填饱肚子；纵使拥有万栋豪宅，晚上一样只要六尺床就足够安眠。人生所需要的，其实并不多，一个具有"知足心"与"惜福情"的人，才能将贪婪的心澄净，龌龊的心沉淀，生命才能重现生机。

人生其实遍地都是幸福，只是我们不懂得用"知足心、惜福情"去观照而已。生活哲学家有所谓的"幸福人生观照法"，只要懂得依法观照，就能轻易地重拾人生的快乐与自在。

当我们吃饱穿暖还嫌人生无趣、乏味时，不妨观照一下非洲或落后地区那些饥饿困馁、形销骨立的难民们，丰衣足食对他们来说，是多么奢侈的梦想呀！与他们相比，我们真是幸福许多。

当我们步行觉得疲累时，不妨观照一下那些负荷着重担，在炎炎赤日下大汗淋漓的赶路人。他们是多么渴望能卸下重担呀！顿时，我们会觉得自己变得幸福无比了。

当我们觉得四肢慵懒、无所事事时，不妨观照一下那些疾病缠身、痛苦呻吟的人，健康的身体对他们来说，是多么激烈的渴求呀！顿时，我们会觉得自己变得幸福无比了。

当我们觉得日子过得无聊、平淡时，不妨观照一下那些身在急难、奔走无门的人，平平安安的日子对他们来说，是多么殷切的期望呀！顿时，我们会觉得自己变得幸福无比了。

当我们觉得工作提不起劲、苦闷无趣时，不妨观照一下那些失业潦倒、三餐不继的人，一份正当的职业对他们来说，是多么热切的期盼呀！顿时，我们会觉得自己变得幸福无比了。

当我们觉得日子悠悠久长、闲得发慌时，不妨观照一下那些忙得喘不过气、忙得没时间吃饭而弄坏肠胃的人，正常的作息对他们来说，是多么渴慕的憧憬呀！顿时，我们会觉得自己变得幸福无比了。

当我们身体有残障，生活、行动诸多不便时，不妨观照一下那些在加护病房或急诊室里、挣扎于鬼门关前的人，生命对他们来说，是多么迫切的希望呀！顿时，我们会觉得自己变得幸福无比了。

真正的幸福在哪里？肯定自我，创造快乐幸福。幸福快乐在哪里？就在当下的知足感恩里。

痛苦在哪里？痛苦是自找的，自找苦吃、自找麻烦、自寻烦恼、自寻短见。只要我们能用心去寻找，人生遍地都是幸福。人生，只要懂得知足、惜福、感恩，懂得用智慧的心来放下无谓的比较与缠执，当下就可以获得许多的幸福。

魅力四射站

知足，不是拥有的多，而是计较的少。

魅力，不是个性，而是善性。

春天，不是季节，而是内心。

生命，不是躯体，而是心性。

老人，不是年龄，而是心境。

人生，不是岁月，而是永恒。

快快乐乐地活着

享受多变化的人生，时时刻刻都快乐。

当我们遭到拒绝或反对，心情呈负面状态时，转化心情的最佳方式，是在离开那个情境时马上抖掉负面思考，当下转化为"无论身在何处，我都要快快乐乐地活着"这种正向思考。

有一位徒弟好奇地问师父："为什么您能够活得那么快乐？"师父在磨炼他三年后，终于公开了"快乐的秘诀"就是：无论身在何处，我都要快快乐乐地活着——每天念二十一次，连续念二十一天，就能成为快乐主人的好习惯。

快乐是在当下的，只要透过自我激励就可以得到，特别是当我们"要得很坚定时"，快乐通常很快就会来到。

161

天堂之门是为那些天真、纯真、认真的人开启的。我们"需要快乐",就像溺水的人"需要空气"一般迫切。当别人问我们过得好不好时?我们要坚定地回答他:好、很好、非常好!千万不要回答"不错"——因为不错里面还有一个"错"字。

快乐的要诀是要认真地学会"如何跟自己相处",它有六把金钥匙:

1. 说话的时候:说话的音调与速度会影响一个人的情绪,所以说话时要静心观照,口吐莲花,不要口喷铁钉。

2. 聆听的时候:聆听是一种高段的人际艺术,最好的方式是面带微笑、点头、注视对方的眼神,并且要观照自己的"心"在哪里。

3. 饮食的时候:吃东西要具备一颗感恩的心,了解到食物得来不易,所以我们要细嚼慢咽,润养身体。

4. 走路的时候:要用轻松的步伐走路,养生专家教导我们——行如风,坐如钟,立如松,卧如弓。

5.睡觉的时候：凡人是先睡眼，再睡心，圣人则是先睡心，再睡眼。一颗宁静的心，必有一个甜美的梦。

6.呼吸的时候：呼吸是要"先呼后吸"，一般人都弄颠倒了。呼吸可以管理情绪，通过与意念的结合，达到放松身心的效果。

要快乐就要常观照：人生没有太多的担心、太多的借口、太多的应该、太多的等待，我爱我自己，我要肯定自己。

真正的爱自己就是投资自己、开启智慧、有自信、终身学习、情绪祥和。绝对不要乱发脾气，那是对自己的惩罚，也就是说，爱自己必须调整好自己内心的情绪。

调整好内心的情绪，做自己的主人，让自己快快乐乐地活着，喜悦地"享受自己的生命"，就算独处时也不会感觉到孤独、害怕与担心。

看到任何一个人，都要感谢他是我们生命中的贵人。

请将双手放在胸口前自我承诺："我是生命的主人，我是情绪的主宰者，我一定要做别人的贵人，肯定自己才能肯定别人！"

如果你仍然感觉到痛苦与烦恼，还有一帖良方，就是默默地告诉自己："这也将过去。"生活上常保平常心，不管好或不好，喜悦或悲伤，一切都将成为过去。

信任生命的每一个当下，就算是最成功得意时也要谦虚，在失败痛苦时也要优雅，唯有宁静的心灵能让我们产生高度的智慧，应当常记："这也将过去"。成功或失败都只是一种习惯，学习静心可以纾解压力、改变习惯。

有些人在染上瘾头或不良习性时，常会找借口说：慢慢改。慢慢改不如不改！顿悟是当下即改，那是一种决心和毅力。不要告诉自己潜意识的改变有多困难，你要告诉自己：我愿意改变，我要喜悦地改变，一定能，一定做得到！懂得为心灵积极输入正面能量，一切都将变得光明、开朗、如意，这就是"心想事成"。

时间是最好的治疗师。再大的生命难题也会帮我们淡化，一切都会成为过去。

静心工作坊的口头禅是：我喜欢你、我爱你、我真的真的很爱你！你很好、你真好、你真的真的非常好！所有的赞美与掌声都是自己先听到的，赞美别人就是肯定自己。

当我们每天都能感觉到今天比昨天进步一些，就是最大的喜悦。人生的开悟不在未来，而在当下。

生活中难免会被人泼冷水，我们要体悟到，花草树木都需要冷水的浇灌才能欣欣向荣。我们可以将"吃苦"当成"吃补"，浇生命冷水不但不会死亡，而且还会日益茁壮。

让我们每天清晨醒来，都心存感谢，感谢我还健康地存在，存在就是一种喜悦。纵使在极为痛苦时，也要转化情绪，透过不断地冥想，积极的自我暗示可以改变心境。我们要抖擞身心，释放一切负面的情绪，将之转化为生命的正面能量。

认真地告诉自己：不论身在何处，都要快快乐乐地活着！

魅力四射站

换一套心灵软件，习惯昂首挺立，让自己接受百分之百光明的信息。不要一再重温旧痛，拿过去痛苦的回忆来惩罚现在宝贵的自己。快乐唱歌、吹口哨，摆出快乐自信的POSE向前进。

一切生命都是美的

爱在生活里，乐在工作中。

高雄美浓的吴先生，拥有一大片蝴蝶花园，天天与花草、彩蝶为伍。有一天来了一位小姐，痴痴地望着一只蝴蝶，眼角噙满了泪水，他关心地趋前问道："小姐，需要帮忙吗？"那位小姐回说："没事，请暂时不要打扰我。"后来才得知，原来她是一位作家，无意间看见蝴蝶吸吮花蜜，看着看着竟然被生命的悸动与自然的纯美感动得哭了。

懂得欣赏，一切的生命都是美的。

生命无分贵贱大小，都一样的尊贵与美丽。

台湾滨海的红树林，有许多日本人称之为"小米蟹"的小小招潮蟹，像一团团移动的绵花般，在潮间带爬来爬去觅食嬉戏着。它们每天都会自动地清理红树林的泥沙，是一群快乐的"大自然清道夫"呢！湿地上还有凸着三百六十度大眼睛、用腹鳍快速走路与弹跳的离水"弹涂鱼"，它们也不甘示弱地到处展现迷人的风采，为大自然的"红树林游戏区"增添了许多青春活泼的气息。只要人们能够"偷得浮生半日闲"来这儿转转，就能轻易地找到生命的活力与喜悦。

只要懂得欣赏，生活就是享受。

地球是个花花世界，无数生命在这个大舞台上展现他们的美丽与奇特，就连最碍眼的小动物，只要懂得用欣赏的眼光去观察，都能从"讨厌"变为"喜欢"。

武夷山有一位女蛇王，她原本极端厌恶蛇，后来在机缘促使下从排斥转为深爱，不但继承了广大的蛇园，日日与蛇为伍，还进一步研究毒蛇血清有成，成为杰出的蛇毒专家。她现在眼中最美的动物就是——蛇。

只要用心欣赏，一切都是美丽的。

不仅动物如此，植物也用它们的彩妆为大地增添无限的美感呢！自然中的一花一草一木，都有其独特的个性与风采，不管是灌木还是乔木，不管是爬藤还是茎干，不管开花还是落叶，它们在不同的季节里穿着不同的翠衣红裙，摇曳着风华。它们时而在蓝天下低语，时而在风雨中嬉闹，是大自然的美丽代言人，令我们不自觉要张开双臂热情地奔向它们。

只要戴上欣赏的眼镜，一切有情无情的生命都变得那么奇特、那么炫美。再用这个心情，回过头来看看

"最奇妙、会思考"的人类，是不是就不会再感到有什么碍眼、讨厌之处了？以前因为爱以挑剔、讨厌、憎恨、专看人家短处的心来看人，自然觉得看谁都不顺眼，现在懂得以欣赏、包容、喜悦、专看人家长处的心来看人，蓦然觉得原来人竟是这么的"可爱、独特、智慧、有意思"呢！

　　一切的苦都来自接受力太低，也就是抗拒，有抵抗就有冲突，有冲突就有痛苦。

　　一切的生命是纯"真"，只要我们从"心"看起。

　　一切的生命都是"善"，只要我们用"心"接受。

　　一切的存在都是"恩"，只要我们用"心"感谢。

魅力四射站

　　内在美丽加上外在魅力，就等于挡不住的吸引力，吸引更多的人脉，就能吸引更丰富的钱脉。

为心灵上彩妆

空气会污染，情绪会传染。

乐观的人，在失败中看到希望；悲观的人，在胜利中看到幻灭。

同是一颗心，乐观与悲观竟然有这么大的分野。

悲观，是黯淡的、落寞的、颓靡的，悲观的心灵就像幽暗地窖中的老鼠，窜来窜去到处都是一片漆黑。乐观，则是光明的、飞扬的、奋起的，乐观的心灵像一只白鸽，振起双翅，翱翔在蓝天白云中。

当黑夜来临时，光明就消失无踪；当日正当中时，阴影就变得最少。人心也是这样的，人心中的光明与黑暗也经常在拔河拉锯，光明能感染更多的光明，黑暗则滋长更多的黑暗。我们要点亮心灯，驱除黑暗的魅影；拿起彩笔，为黯淡的心灵上彩妆，让乐观时时充满我们的心田。

同样是半杯饮料，悲观的人说："好可惜，只剩下半

169

杯饮料可以喝。"乐观的人则说:"真好,还有半杯饮料可以喝!"一种饮料,两样心情,悲观的人看到失去,乐观的人则看到存在。存在就是希望,朋友,你到底属于哪一种?

懂得为心灵上彩妆的人,人生健康、明亮、多彩。因为心能转境,有健康的内心观照,就有健康的外在视野。

有人画了一把剑,拿去问甲、乙两人。甲说:"这是一把杀人的利器。"乙说:"这是一把正义之剑。"剑还是此剑,心不同此心,因为各人内心观照的不同,而得出不同的结论。

还有人画了一个圈,不爱读书的小朋友说那像是个鸭蛋,赌徒说那像是钱,司机说那是个车轮,诗人说那是十五的皎月,哲学家说那代表了圆满。在我们的人生习题中,由于各自内心观照的不同,往往会出现不同的解答。我们不能批评谁对谁错、谁是谁非,但我们可以肯定,到底谁的人生境界比较高尚,是彩色的正面表列,谁的人生比较低沉,是黑白的负面表列。

你是否有过意志消沉、卑懦胆怯的时候?在情绪激动、态度火爆时,可否想过:这全是内心中的负面情绪在作祟,它呈现出来的是黑白、黯淡、了无生气的人生。

　　我们要拿起人生的彩笔，在心灵画布涂上美丽、动人的颜色，让它活跃起来，让它缤纷起来，让它光明起来，让它昂扬起来。

　　这一枝彩笔，能挥洒出我们美丽、快乐的人生。

魅力的彩妆

　　好话不嫌多，为世界带来祥和；

　　好事不嫌多，为人间带来希望；

　　好心不嫌多，为社会带来光明。